大腦拒絕不了的

39秒關鍵高效銷售術

売れるまでの時間——残り39秒
脳が断れない「無敵のセールスシステム」

遠藤 K.貴[illegible]
鍾嘉惠 ——

我想請您讀秒。
只要39秒就好。

1、2、3、4、5……

……37、38、39

好，賣出去了。

Prologue

39秒就可以把任何東西賣出去的世界，您不想要嗎？

「比方說，39秒內可以把東西賣出去嗎？」

友人健巳問我這樣的問題。

「可以。」我立即回答。

接著我告訴他一個事實：「現代社會已經不得不在那樣短暫的時間內把東西賣出去。」

新商品銷路差、沒有獲利、升遷未果、面試不過、求婚失敗、部下老是抱怨、被上司胡亂折騰、孩子不聽話、父母活得不健康……全都只是因為「東西賣不出去」。

你可能也有過這樣的經驗。

對日復一日蜂擁而來的新資訊、廣告促銷的背景音樂感到厭煩。想「知道」、「得到」、「擁有」資訊，「給我資訊就好！」的自己。這是我們——你、我和顧客——的大腦已出現異常變化的證據。

2013年，史丹福大學名譽教授菲利浦・津巴多（Philip Zimbardo）博士的演講讓我了解到「數位腦」的威脅。不斷加速的資訊社會製造出擁有「不專注」、「不願等待」的大腦的新人類。

假使你不能在瞬間明確傳達出商品的魅力，那麼只要用Google搜尋一下，立刻會跑出數億筆其他迷人的商品。

顧客實際上已不專心了，競爭對手還不斷增加。

你能夠在顧客面前宣傳的時間已愈來愈少。

那麼該怎麼做才好呢？

2015年12月，泰國普吉島的五星級渡假村。

我們在浪濤聲和現場樂團演奏的樂音中，設計出能對付日益迫近的新時代大腦的**最強推銷體系「39秒推銷術」**。

以大腦科學的觀點來說，要在現代社會存活，唯有讓一切在人類注意力集中的時間內完成一途。發覺這事的重要性並想要學習的你，令人激賞。

而且，本書滿載眾多不會讓你白費時間的內容。

書中有世界各國頂尖推銷員，和每年創下數百億日圓銷售業績的我的朋友們在實踐中獲得的發現、老師帶給我的領悟、大腦科學證實的新知，以及我在拚死拚活的實務現場的親身體驗，和在買賣現場對17萬以上的人進行推銷的實際成果。

只是，希望你要注意。

我敢保證「39秒推銷術」100%有效。因為它是像引力或熱力學那樣的科學。

然而多數人卻不願照著做。不做的原因有三。

第一是對銷售和錢的恐懼。

無法克服那恐懼，買了書也不會讀完。

第二是因為「不自然」、「感覺怪怪的」。

所有人在自然會話中都或多或少會使用「39秒推銷術」，只是自己沒意識到，因而變成「明明會眨眼卻不會使眼色的人」。於是，不練習就想要實際應用的人，失敗時就會說「使眼色（這種技法）根本不會成功！」這種奇怪的話，然後不再使用。

第三是根本連嘗試都不願意。

不過，照以往的做法永遠只能得到和以往一樣的結果。

我會寫這本書，是因為作為一個法庭臨床心理博士（犯罪者更生和與犯罪者談判的專家），我曾見證3000人的「生死」現場，了解到「一句話可以改變世界」。

未能將「繼續活著，感受幸福，被人感謝的生活方式」這種理當輕易賣出的「商品」賣給犯罪者的經驗，和數秒就讓不想買（想死）的人買下（讓他想活下去）的體驗，促使我開始認真思考推銷這件事。

「怎麼做才能最有效率地解決（說服）這些人呢？」

結果就是，我被認為是高中、大學、研究所的同學中收入最高、幫助最多人、最活躍於世界舞台的一位。

而聽我講授過「39秒推銷術」的學生，有人成為業界第一，有人靠推銷擠進世界排行榜，有人夫妻重修舊好，有人與父母和解，有人結婚，有人有了小孩……留下各種各樣的成果。

沒有人是一開始就一帆風順。

不過，所有人都能做到「39秒推銷術」。

我想將這套方法提供給你。

但願你能引領更多的人找到幸福。

Contents

Chapter 2

顧客有4種類型

Chapter 3

將你塑造成一流「品牌」的方法

Chapter 4

「成功行銷」的真實與謊言

Chapter 5 隨意刺激對方的五感

Chapter 6 熟練「39秒推銷術」吧！

書籍設計＝福田和雄（FUKUDA DESIGN）
本文內圖版作成＝池上幸一

Chapter 1

何謂最強的推銷體系——「39秒推銷術」？

□ 你「已經」會賣東西

我在指導「39秒推銷術」這套推銷體系時，經常聽到有人說「我並沒有在推銷」。

還有一句常聽到的話是「我不會賣東西……」。

然而現實並非如此。你「已經」會賣東西了。

「咦？什麼意思？要是那樣我就不會買這本書了！」

感覺會聽到這樣反駁的聲音。不過，其實在大腦科學、心理學的觀點上，你已經在進行「39秒推銷術」，只是你沒有意識到而已。

舉個例子，你應該有向朋友借過東西或錢吧？或是向工作單位請假？請家人幫什麼忙？

這些**所有的「請託」其實都是推銷**，只是和你想像中的推銷不同，不是銷售員在店裡賣東西那樣的推銷。

也就是說，這種時候你是在進行非「金錢」的交易。推銷並不一定要是金錢的交易。只要你有用什麼去交換想要的東西，「推銷」即已發生。

換言之，我們人類每天都在進行「推銷」。只是有人有意識地做而且每次順利，有人隨意而為偶爾才有好的結果。

在此我要告訴你一個令人震驚的事實。

不會推銷的人無法在這個社會上生存。

為什麼呢？因為我們人類驚人地脆弱，不依靠他人幫助就無法存活。我們從出生的那一刻起就一直在推銷——「請別人幫我們做什麼事」。

人若是自自然然的，都很善於推銷。

問題是，我們常常在談話中變得不自然，做出「不讓對方購買」這種「阻礙對方決定」的行為。

你聽過神經行銷學（用大腦科學看市場行銷）這樣的領域嗎？

我在這個領域中學到「不滿足一定的條件大腦就不會做出購買的決定」。

大腦一旦處於混亂、長時間考慮、不關心的狀態就不會做決斷。

也就是說，一般的商品宣傳（推銷話術）對顧客來說是不明確、複雜且無趣的。

只要解決這些問題，顧客的大腦就會順利決定購買。

「39秒推銷術」的大前提是對對方心存感謝，也被對方感謝。

不是為了銷售而刻意挑起談話，是對對方感興趣、對對方有幫助而自然地交談，這樣通常都能賣得出去。

最好能做到真心想要幫助對方而自然地與對方交談。

「39秒推銷術」重點建議 01

謹記著自然的交談有益於銷售

□倘若對方正仔細聽你說話，即已是好賣的狀態

自然而然銷路好的狀態經常包含3大要件：

①「TRUST（信任）」
②「TIMING（時機）」
③「TROUBLE（苦惱）」

沒有信任就賣不出去。
時機不對也賣不出去。
沒有令人覺得煩惱的問題，且認知到問題的存在，同樣賣不出去。

如果對方正仔細聽你說話，就表示已進入好賣的狀態。

儘管如此，你卻一直白白浪費掉那樣的機會。

我想正在閱讀本書的你，肯定不會找自己不信任的人談生意，而是找個識趣的人，也真心想要解決對方的問題。

可以想像，你一直在提供最好的商品或服務。

不過，我希望你注意一點。

好的品質並不是「商品暢銷的條件」。

它是容易銷售、容易介紹的一個重要因素，但光靠好品質並不會讓商品暢銷。

假使高品質的商品銷路自然好的話，那日本製品應該已充斥全世界了。

商品或服務愈是出色，自然愈難賣。

為什麼呢？因為如果把時間、勞力、人才和資金全部投資在商品開發和服務上，便無法顧及品牌打造、宣傳、行銷和推銷。

這正是「滯銷的優良商品」的典型公式。

因此，我希望正在閱讀本書的你，切記要為優秀商品或服務的問世做出貢獻。

在此我想先告訴你。

希望你「未經許可不要推銷」。

我說的不是法律上的許可。

那當然也很重要，但我的意思是「必須在交談中獲得許可」。

你難道不曾遇過未經同意逕自向你推銷商品的人嗎？

俗稱「業務」的人，或是在鬧區拉客的人，劈頭就向人兜售商品的人，談話中強烈散發「兜售味道」的人……。

根據神經行銷學的觀點，未經對方同意逕行推銷的話，會引起「拒絕廣告」的反應。

順帶告訴你，**拒絕廣告指的是對方無意識地採取拒絕你的行為的狀態。**

那麼，所謂的許可是什麼呢？

「您是在做什麼的？」

「最近因為△△（真心感到困擾）真是受夠了！」

「如果有□□（解決方案）可就省事多了～」

如果對方說出，或是誘使對方說出這三句中的任何一句，就是準備好可以進行「39秒推銷術」的證據。

這三句話的共同點是，對方提出表示他對你感到好奇的問題。

既然獲得許可，你就可以開始推銷。

只是你絕對不能花時間在使對方如此開口的話術上。

「39秒推銷術」重點建議 02

未獲許可的商品宣傳不算是商品宣傳

□0．3秒當機立斷的世界

一般認為，人類的大腦（無意識）會在0．2～0．4秒內做出決斷。人類的大腦決定「YES」或「NO」的速度比我們所想的還要快。只是需要花點時間意識層面才會理解那個決定。

那麼，大腦做決斷的關鍵是什麼呢？那就是諾貝爾經濟學獎得主丹尼爾．康納曼（Daniel Kahneman）博士所說的**「系統一」的腦**。

意思就是**武斷而怠惰的腦**。

換句話說，如果能讓對方一直維持在這樣的狀態，對方就會很爽快地購買。

附帶說明一下，什麼是「系統一」和「系統二」的腦。

假設你的面前有支鉛筆和筆記本。

兩者合計1100日圓。

筆記本比鉛筆貴1000日圓。

那麼，鉛筆的售價是多少？

我問很多人這個問題，他們都回答「100日圓」。

這就是「系統一」的腦。

答案是：鉛筆的售價50日圓。筆記本的售價是1050日圓。

面對這麼簡單的問題會出錯的就是我們的「系統一」的腦。想要簡單做選擇的腦。

另一個我在演講會上談到「系統一」和「系統二」的腦時會舉的例子是高空彈跳。玩高空彈跳時比較容易的一種玩法是，什麼都不想，當工作人員準備妥當發出「GO」的信號，就像在走路那樣地自然墜落。

這是「系統一」的腦在運作的狀態。

然而，只要一度停下腳步往下看，大腦就會轉換成「系統二」。也就是說，**「系統二」的腦是深思熟慮的腦**，於是恐懼和不安就會被撩撥起來。

我們在買東西時也是一樣的情形。

顧客如果在做決定的瞬間感到不安或恐懼，大腦就會瞬間切換成「系統二」，開始出現混亂、陷入沉思或視而不見這三種情況的其中之一。

一旦切換成「系統二」就必須奉陪到底，直到化解顧客的疑問為止。此外，有些顧客會沒有耐心等到問題被解決，因此買賣談不成的情況也所在多有。

一般推銷話術不能太長的理由之一，就是會過度讓顧客的大腦處於「系統二」的狀態。

「39秒推銷術」重點建議 03

別讓顧客的大腦處在「系統二」的狀態

□購買＝推銷（×行銷×品牌）

推銷的意義在於成交。

成交的意思就是「締結契約」。就是最後決定「購買」的瞬間。

換句話說，除此之外都不屬於推銷。

不了解這一點就想要進行推銷會事倍功半。

這是因為省略前面的階段試圖直接成交的關係。

使推銷更為容易的祕訣在於「行銷×品牌（宣傳）」。

但試圖用39秒做到品牌、宣傳、行銷所有該做的事並不切實際。

不過，假使這些環節都能做得很扎實，那麼不用39秒就能完成銷售了。

你曾去過人稱超級名牌的店嗎？

勞力士、路易威登等……那裡的店員幾乎都不會向客人推銷商品。
他們會做顧客服務，但沒有必要推銷。
比方說，如果是勞力士的門市，情況就會是這樣：

①　顧客走進店裡
②　在店裡到處看
③　看到中意的商品後停下腳步
④　店員詢問：「要戴戴看嗎？」
⑤　「可以嗎？」、「當然可以」的對話
⑥　顧客戴上手錶
⑦　店員說「您戴起來很適合」
⑧　購買

實際的互動雖然不會這麼簡略，但整個過程就是這樣。銷售人員真正該說的話也差不多就這幾句。

為什麼勞力士可以允許店員這樣呢？

那是因為勞力士具有品牌力、有助於建立品牌力的宣傳和市場行銷。關於這些部分，我想在第3章再說明。

「39秒推銷術」重點建議 04

推銷的意義在於成交

□為什麼是39秒？

只要39秒就能賣給大腦。
只要39秒就能讓大腦說「YES」。
不，不如說，我們必須在39秒內把商品賣出去。
為什麼呢？
一般認為，決定我們是否感興趣、能否持續專注的時間僅只8秒鐘（參考：McSpadden, 2015）。
而且短期記憶只能維持18秒（參考：Revlin, 2012）。
更甚的是，我們要花7～10秒的時間才會認知到我們在無意識中做的決定（參考：Soon,Brass,Heinze,Haynes, 2008）。

將這些研究和實踐的結果匯整之後，就是「39秒推銷術」。

30秒↓吸引顧客簽定契約的時間，
9秒↓讓顧客考慮的時間，
合計39秒。

確實讓買方在這段時間內做出決定的方法就是「39秒推銷術」。

「39秒推銷術」重點建議 05

30秒以上的談話，絕大多數都得刻意記才記得住

□ 39秒推銷術的「4種力量」

為能「39秒成交」需要有什麼樣的力量？
主要是以下4種：

（1）任何人都認可的實際成果
（2）卸除害怕推銷的心理
（3）令對方目不轉睛的表現
（4）對結果的承諾

我們依序一個一個看下去吧！

（1）任何人都認可的實際成果

任何人都認可的實際成果會是讓人安心的材料。

以大腦科學的觀點來說，必須明確地讓人對那樣商品或人感覺「沒問題」、「放心」，人才會迅速地做出安全的決定。

此外，實際成果指的就是「實際上很暢銷」。

完全滯銷的東西、尚未問世的東西，要賣也不是不行。

正如本書一開始所說的，你已經在推銷了。

不過，如果想要在39秒內讓一件沒有實際成果的商品賣出，那等於是在賣「銷售的人的信用＝實際成果」，而不是商品。

比如，你朋友推薦的商品，或擁有絕大社會信用的人（知名人士或偉人）推薦的商品等，要在短時間內進行推銷，有必要將實際成果拉高到足夠的水準，並將那實際成果當作最後的王牌加以利用。

也就是說，如果那商品或服務完全未被消費者認知，那麼首先就必須將消費者的認知提高到一定的水準，消費者的認知度愈高，即表示品牌力愈高（第3章會再詳細說明）。

（2）卸除害怕推銷的心理

未卸下對推銷的恐懼，賣什麼都不會順利。

只要害怕「被人討厭」、「失敗」，你的注意力就會一直擺在自己身上而不是買方。很少人能在這種狀態下賣出商品。就算賣出去，那也是賣方和買方幾乎沒有互動的「捐贈」或「金額小的消耗品」。

害怕推銷的人很多。

這種害怕心理要靠自己排除，心須將自己從恐懼的束縛中解放出來。不過，也有人一旦卸除這樣的恐懼，便認為「只要不顧一切地拚命兜售即可」，或「只要能同理顧客就好」之類的。

但那是誤解。

保有「以給人強烈印象的方式提供自己的想法」的態度很重要，而不是「只要○○就好」這類單純的想法。

因為買方買的是賣方的自信。

（3）令對方目不轉睛的表現

不表現得讓對方移不開視線，對方就不會在意，也不會留下記憶。當對方覺得與其他雜亂的事物沒兩樣時，大腦的「系統一」就會告訴他「忽視它沒關係」。在新事物充斥的現代，要引起大腦的注意尤其需要花心思設計。必須在39秒最初階段就瞬間喚起顧客的注意。

總之就是要讓顧客覺醒。

顧客在購物時會考慮很多，要先切斷顧客的思緒，引起顧客注意。如果是保險推銷員的話，不要用「今天我要介紹的商品是……」這種常見的開場白，改以「今天我帶來的商品會救您一命！」之類的說法，相信會很有效。

應當認為，你說出的第一句話就要敲醒顧客的大腦，讓顧客在39秒內決定購買。因此不能採用老套的從問候和自我介紹開始的推銷話術。這裡談到的想法所創造出的表現會讓顧客不忍移開視線，那就是「39秒推銷術」的威力。

（4）對結果的承諾

如果沒有對結果的承諾，商品會很難賣出，對方也不容易買單。所謂的承諾含有「參加」、「同意」、「負責任全心投入」這類意思。換句話說，對結果的承諾就是發誓「絕對負責任完成」、「提供商品或服務」。

這份心意和面對的態度是「39秒推銷術」的一大力量。神經行銷學的研究認為，若得到有能力遂行業務這樣的保證，購買率平均會上升33％。也就是說，以能夠對結果做出承諾的狀態，傾注全副心力投入眼前的39秒很重要。

鍛鍊這4種力量會有助於「39秒推銷術」的實現。

「39秒推銷術」重點建議 06

實際成果、勇氣、表現力、承諾讓「39秒推銷術」成為可能

Chapter 2

顧客有4種類型

□ 隨心所欲分析對方心理的方法

如果對買方不感興趣，就無法建立信任關係，達成買賣。

所以首要之務就是對對方感興趣。

要發掘的是「對方的性格」，和形塑出那種性格的「價值觀」。

在「39秒推銷術」中，「30秒的話術和如何維持9秒」很重要。

而依據對方的性格調整那「話術」將是關鍵。

如果能做到這一點，你的業績就會成長700%。

因此在進行推銷前，希望你能概略掌握眼前這人的性格類型。

人通常只會說出符合自己性格的話，**但稍加注意即可學會配合對方的性格類型說話**。

因此，先想一想自己屬於哪一種類型的性格吧。

心理學的研究一直在做人的性格診斷，將種類無限多的性格依目的進行分類。

比方說，如果目的是心理治療，就有根據10個項目進行診斷的「MMPI-II」、診斷工作上的拿手與不拿手的「16種性格測驗」、根據5個項目的戀愛性格診斷……等。

本章的目的是讓顧客的大腦維持在「系統一」狀態，簡單且迅速做決斷，接下來將說明適用的性格診斷。

我們平時是怎樣判斷事物的好壞呢？

雖然要求我們「為顧客提供價值」，但我們認為什麼東西具有價值呢？一切在於我們的價值觀，我會用接下來介紹的「表裡×4種類型」將它們分類。

「39秒推銷術」重點建議 07

要使用合乎目的的性格診斷

□「AMS－法則」——最強的購買性格診斷法

理解這套法則後，任何人的銷售成績都會是現在的7倍。

我們只會與「和自己相似的人」談得來，進而能夠談成交易。

相信你也有過這樣的經驗，明明是初次見面，談話卻順暢無礙，彷彿已互相理解所思所想，彼此認同一般。

那是因為你和對方在「做決斷」方面是同一類型的人。

怎樣才會產生購買的衝動？

以行為及腦神經心理學的觀點來說，人為了「得到快樂」和「逃離痛苦（恐懼）」會採取行動。那麼，人會對什麼感到快樂，又會對什麼感到痛苦呢？

我接下來要介紹的性格診斷可以幫助我們了解這部分。

那就是「AMSI法則」。
「AMSI法則」是一種將人分成4種類型的購買性格診斷法。
在那之前要先了解，這**4種類型還有「表」、「裡」之分**。
這裡要先確認你屬於「表型」或是「裡型」。
雖然唐突，但我希望您回答以下的問題。

現在，你口袋裡放著一捆100萬日圓的鈔票，走在漆黑的夜裡。雖然很可能遭遇竊賊，損失100萬日圓，但機率有多高並不確定。這時你遇見我，我給你兩個選擇。
【兩個選擇】
（A）↓100%保住口袋裡的100萬日圓的方法
（B）↓讓100萬日圓100%增加的方法

如果是你會做何選擇？

選擇（A）的你，以「AMSI法則」來說，現狀屬於「裡型」。

表示你花錢和買賣的方式比較被動。

面臨經濟上的危機或欠債時會發光發熱的類型。

避開危機的能力出類拔萃。

擅長在會話中傳達出商品或服務會幫人解決的【問題】。

也就是說，你在發現顧客的問題上有過人之長。

假如顧客是「裡型」，就會喜歡重視安全性、確實性，並能對自己的問題表示理解的推銷員。

選擇（B）的你則屬於「表型」。

表示你花錢和買賣的方式比較主動。

當經濟上寬裕、機會降臨的瞬間會發光發熱的類型。

在發現機會上有過人之長。

擅長在會話中傳達出商品或服務能提供的【價值】和【未來】。

也就是說，你非常善於發現顧客心中的願望。

假使顧客是「表型」，就會喜歡重視高品質、高回報，為自己提供價值的推銷員。

在缺乏訓練和背景知識的情況下進行推銷，無論如何就是會去關注【問題】或是【價值】。

因此，顧客只會出現以下兩種情況的其中一種：

（A）理解了問題，但感受不到商品的魅力；

（B）知道商品很好，但不明白與自己有何關係，可以幫自己解決什麼問題。

而除了有「表」、「裡」之分，人還會因為以下介紹的4種性格類型而對「成功」有不同的判斷。

人會抄近路——以「系統一」的腦做決斷（迅速判斷）——用「價值觀」來判斷事物是否適合自己。

價值觀就是人對某件事物感不感受得到價值，以決定得到它會不會開心、失去了會不會難過。

希望你先理解這部分，再檢視自己符合下列4種類型的哪一種。為了方便起見，我將「AMSI法則」分為4種類型，以便將人的價值觀用於商業和購買上。

（1）行動型（Action）
（2）管理型（Manage）
（3）服務型（Service）
（4）革新型（Inovate）

這套依4種類型將人的性格類型化的法則，取其各類型英文名稱的第一個字母A、M、S、I，記成「**啊！馬賽**」法則就行了。

此外，這些類型也有可能是複合式的。就像這樣——

「基本上屬於行動型，但也摻雜少許服務型」

「平常是服務型，但也帶有革新的成分」

然後再進一步區分是重視【價值】的「表型」，還是重視【問題】的「裡型」。

若不能理解自己與人交談時的習慣，不了解顧客覺得什麼重要，便會雞同鴨講，談不成買賣。

下一小節起，我將告訴你這4種類型各自的特質。

「39秒推銷術」重點建議 08

你和顧客各自屬於「表」或「裡」的哪一型？

□ AMSI法則【類型①】行動型

許多業務員或做行銷的人都屬於這一類型。
這類型的人認為迅速「行動」最為重要。
可說是喜歡緊張刺激，希望在情緒高昂的情況下採取行動的類型。
行動型的人與人交談重視即刻決定，買東西相信直覺。
衡量成功的標準是「能多快速獲得成果」。

「表型」行動是想要「自由」、「快速」、「高級」、「興奮」、「非日常」等。

「裡型」行動是回避「束縛」、「拖延」、「低級」、「無聊」、「平凡」。

愛穿著高級名牌或量身訂製的服裝，基本上很愛漂亮。

如果你具有品牌力，用不著行銷，這種人也會向你購買。

購物方式屬於高單價一下子搞定的類型。雖然也希望有保證或樣品可供參考，但只要有等級之分，一定毫不遲疑地選擇最高等級。

我稱它為「亮晶晶症候群」，這種症狀最常見於這類型的人。即使極力稱讚你的商品，向朋友炫耀，但只要發現亮晶晶的東西（其他好的商品或流行物品）立刻就會移情別戀。

也就是說，不容易成為長久往來的忠實顧客。眼前面對的如果是行動型的顧客，要盡可能利用肢體語言和擬聲，強調應當購買的理由，促使他馬上簽約購買。這類型的人基本上買了之後才會去在意詳細內容。

「39秒推銷術」重點建議 09

行動型的人只要得到「保證」就會願意買回去試試看

□ AMSI法則【類型②】管理型

許多企業主管都是管理型的性格。

有系統地思考，廣泛地從眾多因素切入去理解事物，擬定策略。能夠事先做預測、擬定策略再進行推銷的類型。

管理型的人與人交談時重視過程，買東西相信預測。

衡量成功的標準是「能夠提供多麼大量而廣泛的成果」。

「表型」管理是想要「安定」、「計畫」、「證明」、「體系」等。

「裡型」管理是回避「不安定」、「無計畫」、「無憑無據」、「隨機」。

會確實依場合穿著正式服裝、半正式的休閒服或禮服等，喜歡無可非議的功能性裝扮。

對於這類型的顧客，品牌力、社會信用要比行銷（教育）來得重要。

不過也要多少做些行銷，這類型的人一定要了解商品或服務對自己有何助益，否則不會信服。

與管理型的人說話時，盡可能讓對方聽得清楚、明確，可留下好印象。

「39秒推銷術」重點建議 10

對於管理型的人，最好清楚說明商品或服務是「什麼」

□ AMSI法則【類型③】服務型

服務型的人是站在讓別人開心的基礎上思考事情。

醫生、律師等專業工作者多半屬於這一類型。會沉浸於滿足、貢獻、自然、愛、人的情誼這類事物，在那當中找到價值。在企業裡多半擔任客服或接待顧客的職務。服務型的人與人交談時重視人際關係，以情誼的深厚度決定是否購買。衡量成功的標準是「能夠獲得多大的滿足」。

「表型」的服務是想要「和諧」、「貢獻」、「意義」、「倫理」等。

「裡型」的服務是回避「孤獨」、「自我中心」、「無意義」、「反社會性」。

穿著打扮注重自我風格和有溫度，喜歡讓人安心的裝扮。

對於這類型的顧客，透過行銷建立人際關係很重要，買回去並覺得喜歡之後才會產生品牌意識。

在行銷或推銷上若未能明確傳達出要如何利用、如何購買商品或服務，這類型的人就不會購買。

與服務型的人交談時必須更注重情緒和感覺。也常會遇到最後才說「沒有感覺，不買了」的情況。

是最重視故事性和感受力的一種類型。

同時也是一旦購買就會幫忙介紹其他顧客，或成為老主顧的類型。

「39秒推銷術」重點建議 11

對於服務型的人，說明自己（自家公司）的使命是要如何貢獻社會很重要

□AMSI法則【類型④】革新型

革新型的人多半是工程師、從事研究工作等，重視數據。

對革新型的人進行銷售時，要根據數據來推銷。

擁有崇尚新穎性、效率、科學、願景這類價值觀。革新型的人與人交談時會以「有多新穎、比以前的好多少、多有效率」來衡量成功與否。

「表型」的革新是想要「理論」、「科學」、「真相」、「技術」。

「裡型」的革新是回避「非理論」、「非科學」、「虛假」、「能力低」。

這類型的人不在乎穿著打扮，只要實用什麼都穿。

對於革新型的顧客，透過行銷進行徹底的教育、提供資訊很重要。行銷和推銷上一定要能回答革新型的人提出的假設性問題。也就是說，若沒有一套制度能回答「商品或服務萬一發生〇〇怎麼辦」等的問題，就不會購買。

與革新型的人交談時要更為重視資訊。而且需要篩選出對方想知道的資訊提供給對方，而不是把所有資訊扔給對方。

革新型的人多半會自然處於「系統二」的狀態，因此要告訴對方有其他管道可以回答他們的問題，如「詳情請見手冊」、「日後會舉辦說明會」等，當場讓他們切換成「系統一」，否則會賣不出去。

雖然要花一些時間才能讓革新型的人處於購買或有意購買的狀態，可是一旦說服他們，他們很可能會終生使用你的商品或服務。

「39秒推銷術」重點建議 12

對於革新型的人，必須讓他們知道有做好回答問題的準備

□銷售順序是「A↓M↓S↓I」

你是否對各個類型的特徵有一定程度的理解了呢？

從掏錢購買的觀點來看，最快成交的是（1）行動型，接下來依序是（2）管理型、（3）服務型、（4）革新型。

只不過，革新型的人一旦購買，很容易就會成為終生的老主顧。

可以把行動型看作是比較容易取得初期資金的對象，革新型則對後續營運資金的取得較有幫助。

雖然任何一種類型成為終生顧客的價值幾無二致，但以做生意的觀點來說，最保險的就是依照「A↓M↓S↓I」的順序進行銷售。

作為自雇者或推銷員，對與自己同類型的人進行銷售最為容易。假使你屬於

「表型」的管理，就找「表型」的管理型顧客銷售吧！

家人關係和談戀愛也是，同類型的人比較不容易吵架。因為不會有俗話說的「價值觀不一致」的問題。

不過，若說完全不同類型的人就會失敗嗎？倒也未必。

只是要先理解彼此的價值觀（規則）後再採取行動罷了。

順利的話，價值觀類型相異的兩人，行動時的靈活度和創造性有時更勝同類型的人，所以也不能說「同類型的人一定比較好」。

如果能理解AMSI法則，就會知道該怎麼對顧客說話。

最重要的是明白光靠以往慣用的話術只有極少數的顧客會買單，進而能夠去增加讓顧客理解價值的機會。

如果不了解對方的性格類型，也可以採用能打動所有類型的話術。

總之就是按照「A↓M↓S↓I」的順序，挑動對方的價值觀。

我稱它為「AMSI ROLL說話法」。

活用這套法則和說話法是「39秒推銷術」的重要關鍵。

要注意的是，運用這套說話法時不能帶有成見。

有些人外表看起來像是革新型的人，但做決定時卻變成行動型，或大多數時候屬於服務型。

我要介紹一個運用「AMSI ROLL說話法」的實例。

有個朋友有機會獲得投資家挹注資金，我跟他聊到「AMSI法則」，他非常感興趣。

簡報（推銷）當天有八家希望獲得融資的公司，他排在第七位。

他推測投資家們聽完前面六人的簡報應該已經累了，於是向投資家們提議玩性格診斷的遊戲，以緩和氣氛。

原本**他準備好的簡報是能打動管理型、革新型的內容，不料診斷結果，所有投資家都屬於「表型的服務型」**。

得知這項結果後，他緊急變更簡報內容。

他輕輕闔上筆電，關掉投影機的電源，開始講述自己創業的理由、使命、願景、想要如何貢獻社會。

結果，他是八家中唯一獲得融資的企業，最重要的是獲得所有出席投資家的出資。

融資額度總共3億美元（以當時的匯率換算，約350億日圓）。

可想而知，他急著表示「不需要那麼多」。

實際運用「39秒推銷術」時，瞬間判斷對方的性格類型並妥善應對很重要。

你要事先做好準備，以便能將4種類型搭配組合隨機應變。

「39秒推銷術」重點建議 13

要靈活運用「AMSI ROLL說話法」！

◆合併診斷看看吧！

【診斷1】診斷看看屬於哪一型？

「表型」

「裡型」

【診斷2】診斷看看屬於哪一型？

（1）行動型

（2）管理型

（3）服務型

（4）革新型

你是哪一種類型？

而你的顧客又是哪一種類型？試著從他平時的言談舉止和工作狀況等診斷看看吧！

Chapter 3

將你塑造成
一流「品牌」
的方法

□自己成為品牌，銷售就會輕鬆許多

首先，我想請你回答以下的問題。

- 你想減少徒勞無益的努力嗎？
- 你想提高收入嗎？
- 你想有效率地為人們提供商品和服務嗎？
- 你希望獲利爆炸性地成長嗎？
- 你希望受人歡迎嗎？

多數人應該都會回答「ＹＥＳ」。

那麼這時會遇到以下這樣的大問題。

「假設有數萬人需要你所提供的商品、服務，或是你本人。可是，你一年只有365天、一天只有24小時。應該怎麼做呢？」

這個問題的答案只有一個——「縮短應對的時間」。

那就是39秒。

更正確地說，給顧客39秒的時間做決定，不能用30秒說明、說服顧客的商品或服務會賣不出去。

這39秒包含「推銷、行銷、品牌」三要素（區塊），三者間存在如下一頁所示的金字塔結構。

推銷員辛苦地拚力推銷卻一直賣不出去，是因為位於那金字塔下層的①和②做得不夠扎實的緣故。希望你先理解這一點。

大概會有推銷員想大聲說：

「39秒推銷術」重點建議 14

不仰賴公司的宣傳和市場行銷，塑造自己的品牌是成功的祕訣

「那就請宣傳（ＰＲ）部和廣告部加油啊！」

現在是人人都要打造自我品牌的時代，每個人都必須提升自己（賣方）的品牌形象。

如果自己本身、商品或服務就是超級一流的品牌，銷售就會是一件非常輕鬆的事。

因此我們首先要從品牌的定義——何謂品牌？——思考起。

「品牌」至關重要

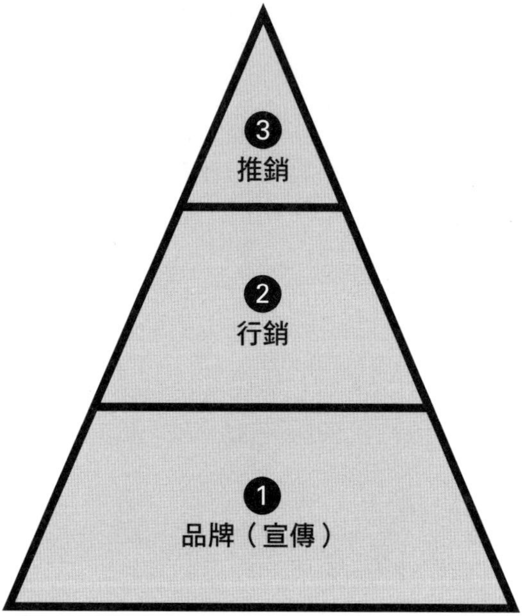

□世界最早的品牌

你知道世界最古老的品牌是什麼嗎？西元前7～6世紀在呂底亞王國流通的一種名叫「琥珀金」的貨幣，是人類史上最早有「品質保證」的貨幣。儘管眾說紛紜，但這種古希臘人的貨幣被認為是人類最早出現的「品牌」。

品牌（BRAND）在英語中意指刻印或打火印。這些印記是用來證明一項商品、產品由誰製造、屬於什麼人。

曾幾何時，人們開始覺得「由固定的人製作＝一定的品質」，變得只會購買固定印記的產品。這項劃時代的發明很快就傳布開來，在錢幣（製品）的生產不及、被羅馬搶去市占率之前，琥珀金一直獨占貨幣市場。

若引用辭典上對品牌一詞的解釋，即「被用來識別製品、與其他競爭對手做出區隔，獨特的設計、符號、象徵、單詞，或是這些元素的組合」。

經過一段時間，那形象會在消費者的心中與可靠性、品質、滿意度產生連結（稱之為定位）。

品牌靠著追求特定的價值，幫助消費者在複雜的市場中迅速做出抉擇。品牌的法律名稱叫「商標」，當要特別指明或表示某家企業時就會稱呼其品牌名稱。只要有品牌保證，顧客一下子就能理解你想要說明、證明的事。

問題是，要成為一個被人認知的品牌，不是要花很多時間嗎？不，其實不用，只要按部就班去做，你和你提供的商品或服務就會慢慢在對方的腦中留下記憶。也就是烙印（BRAND）在對方的腦海裡。

「39秒推銷術」重點建議 15

品牌具有幫助顧客了解商品的品質、可靠度、滿意度的目的

□品牌意謂著「保證」

為什麼琥珀金會一下子傳布開來呢？
當時的人們面臨以下兩個問題。

（1）浪費時間：必須每次估算錢幣的價值才能購買
（2）有詐騙的可能：說不定只是表面鍍金，裡面摻雜鉛的成分

要解決這樣的問題，就是明確標示「由誰100％保證錢幣的價值」，好讓人瞬間就能辨識。
關鍵詞是「100％保證」。

大腦必須明確認知到「安全」才會使用「系統一」迅速做決斷。

這時需要的是能夠「100%保證」安全的事物。

而識別標誌或店號會讓我們知道這一點。

咦？我以為路易威登、香奈兒只是名稱，不是保證吧？

你說的沒錯。

老公司要經年累月才能建立起它的品牌。

而創業之初由於競爭對手少，使用不易理解其意思的名稱也沒關係。

比方說，卡西歐「G-SHOCK」這款手錶，光看名稱會聯想到「可能與什麼衝擊有關吧」。

之後再利用電視廣告或文宣，做出「不論受到任何撞擊，100%不會壞」的保證。卡西歐當然沒有說得這樣斬釘截鐵，但不論如何顧客應該都有這樣的感受吧。

當時那款手錶在電視節目和廣告中「代替冰上曲棍球的圓盤」、「被卡車輾過去」。

然而我們一輩子都不會用冰上曲棍球棒敲擊手錶，或是用卡車輾壓手錶。

也就是說，「顧客要求的不易損壞的程度」已得到100%的保證。

當人的大腦認知到商品是高品質的瞬間，購買率平均會上升30%。

因此有一些關於品質的保證是必要的。

你和你提供的商品或服務可以給顧客什麼樣100%的保證呢？

「幾近100%」當然也無妨。

「39秒推銷術」重點建議 16

「能夠給顧客什麼樣的保證」是品牌的重點

□ 為什麼那家披薩連鎖店要保證「30分鐘內送達」？

我的老師之一的羅伯特先生讓一家披薩連鎖店的銷售額連續3年獲得世界第一。他告訴我那著名的「30分鐘保證送達，否則免費」的真相。

Q：「為什麼那家披薩連鎖店敢做那樣大膽的保證？」

A：「因為只有20分鐘內能到達的區域才外送。」

不談精細的法律用語，這理由就讓保證可以實現。

現在之所以看不到那句廣告詞，是因為有人批評披薩外送員的機車在外送途中撞到人就是「那句保證害的」。

在外送披薩業界，應該任何人都能做到那項保證，可是除了那家披薩連鎖店沒有一家這麼做。為什麼呢？因為人不會想到要對一件理所當然的事做100％的保證。

舉例來說，**在你的業界有什麼事是所有人都能100％保證的？**

可是對業界以外的人來說，這理所當然並非理所當然。

我經常在專題討論會或企業研習上向學員100％保證：「沒賣過東西的人也能學會銷售，業績急劇成長」。

這在業界也是常識。只是大多數的人「不說」罷了。

這種有條件的全額退費和終生保證叫做「風險逆轉」，事先講明若保證無效會如何處理，增加顧客購買的意願。

這麼簡單的方法為什麼有人不做？為什麼不願附帶保證呢？

因為不想負責任。不過，為顧客的成功或改善承擔部分責任正是我們的工作，因此沒有理由不做。

「39秒推銷術」重點建議 17

寫出你（幾近）100％能保證的事

□「3個T」掌握品牌成功的關鍵之鑰

品牌的核心——保證——是由「3個T」所組成。

- **時間（Time）**
- **煩惱（Trouble）**
- **信任（Trust）**

簡而言之，就是保證（Trust）在時間（Time）表內解決顧客具體的煩惱（Trouble）。

心理學上有個贏得信任的方程式，即「告訴對方，自己和對方的目的地（Goal）相同」。提示解決方案和為解決方案做保證就是明確表達「目的地相同，且100%有心達成」的意志，因此結果就是大腦會信以為真。

生產吸塵器的知名家電大廠，在時間方面保證產品將「（半永久性地）一如既往」，吸力不會下滑，藉此解決消費者清潔打掃的困擾。

前面提到的披薩連鎖店保證30分鐘內將商品送達。

牛丼連鎖店保證無論何時何地都「便宜、快速又美味」。

先前談到的卡西歐「G-SHOCK」保證任何情況下都「不會壞」。

近代品牌打造的關鍵之鑰就是簡單、易懂。

以大腦科學的觀點，這對維持大腦處在「系統一」的狀態不可或缺。

那麼，要怎樣打造品牌呢？

下一小節我將介紹品牌打造的範本。

「39秒推銷術」重點建議 18

要致力打造出簡單易懂的品牌形象

□品牌製作的範本

品牌製作的範本如下：

（1）能保證幾乎可以100%解決的煩惱（痛苦、問題）是什麼？
（2）時間？（例如：次數、年月日、時分秒、如果發生○○、如果○○結束）
（3）萬一無法解決就○○！（保證什麼？）
（額外奉送）製作這樣商品的理由（一路走來的故事）？

就只是這樣。

一起來看看先前提到的卡西歐「G-SHOCK」的情況。

（1）幾乎100%保證能解決因撞擊造成損壞的問題
（2）能做到半永久性的保證
（3）萬一保固期間內發生損壞，可免費修理

如果是電視廣告引起話題討論的某健身俱樂部的話——

（1）幾乎100%保證能減輕體重（體脂肪），塑造迷人的身體
（2）兩個月達成目標
（3）萬一一個月後不見成效，全額退費

如果是披薩連鎖店的話——

（1）100%保證可以知道熱騰騰的披薩何時送達
（2）30分鐘以內若未送達……
（3）當次訂單不收費

大多數人對自己提供的商品或服務能解決顧客什麼樣的煩惱研究得不夠透徹，

或是未能精準地表達出來。

以剛才提到的披薩連鎖店的例子來說，人們很容易以為是在解決「宅配太慢」的煩惱（痛苦），實際上卻不是如此。

它解決的是顧客「因為不知何時會送到而必須在家留守或不敢上廁所、不敢洗澡」的困擾。

若能理解顧客真正的煩惱，就能進行二度品牌打造。

為什麼呢？因為披薩連鎖店尚未做到作業程序的可視化，開啟讓顧客知道披薩再過幾分鐘會送到的服務，就能以不同形式讓品牌繼續存在。

此外，愈有能力解決這類根本性的煩惱、痛苦，品牌的價值就會愈高，因此從顧客那裡獲取的金額也就愈高。

假使能解決「生死」的問題、痛苦，那金額當然更高。要理解品牌即具有這樣的力量。

「39秒推銷術」重點建議 19

照著範本試著寫出自己的生意內容

□如何決定你的品牌「名稱」和「識別標誌」

那麼，要如何決定品牌的「名稱」和「識別標誌」呢？

首先要看該如何從我們努力構思出的名字中，選定一個品牌「名稱」。

這時切忌使用自己的名字當作品牌名。

「△△遠藤」或「遠藤○○」這種品牌名是禁忌。

能夠這麼做的僅有「豐田」、「鈴木」、「宜得利*」這類極少數的例子。這些人或是因為創業之初競爭對手很少，或是當事人本身已經聞名遐邇，才能夠以自己的名字當作品牌名。

*日文原名為「Nitori」，漢字寫作「似鳥」，為創辦人似鳥照雄的姓氏。

加上，以前人認為名稱容易記就好，但在商品、服務、公司數量大增的現代，必須要是能將意思明確傳達給顧客的名稱才行。

【決定品牌名稱的方法】

・與痛苦、問題、煩惱有關，或是引人聯想到這些的詞彙
・解決方法明確的詞彙
・讓人聯想到想獲得的結果的詞彙

比方說，「7-11」、「24小時健康美麗」等，相對較明確地傳達出品牌名代表的意思，及能為顧客解決什麼樣的煩惱。

另一方面，對「勞力士」這手錶品牌毫無認識的人來說，要說「G-SHOCK」這名稱更好也說得通。

為什麼呢？因為不用解釋也能知道商品的賣點。

然後只要能用出人意表的方式表現這項商品，讓人直覺感到好奇就行了。

如果未能引起人的好奇，不妨認為是表達方式不夠簡潔有力。

接著來看識別標誌，首先要決定顏色（**由於顏色非常重要，我會在第5章再詳細說明**），之後再決定形狀（圖形、人、文字、動植物、無機物等）。

識別標誌要注意的是，簡單明瞭。

圖形方面也是，基本上只有○（圓形）、△（三角形）、□（方形）、∫（波浪）。×（交叉或十字）是分割四方形的線，在心理學上帶有將□分類的意思。

經過神經行銷學證實的頂多就是**人具有喜歡圓圓的東西的特性**，而各個圖形的意含也可能因文化而改變。

一般常說的意義有：○代表理解、明快；△代表幹勁、革新；□代表安定、基礎；∫代表緩解、溫和。順便告訴你，世界第一個註冊商標的識別標誌是△。

「39秒推銷術」重點建議 20

令人聯想到品牌的識別標誌和市場行銷

Chapter 4

「成功行銷」的真實與謊言

□何謂行銷？

這一章你要學習的是「39秒推銷術」用的行銷術。

若問它真的這麼好嗎？好在哪裡？答案就是，**這套行銷方法花最小的力氣就能達到具體的目的**。

行銷的問題在於它錯綜複雜、太花錢。本章要介紹利用制度、最適合「39秒推銷術」且可預測結果的行銷方法。

首先，一定要有對象才能進行商品介紹。

也就是說，必須利用行銷把顧客帶到面前來。

在商品、服務眾多、史上人口數量最多的現在，媒合商品、服務與顧客，將需要的顧客吸引過來的技術，是做生意不可或缺的技能。

我長年廣泛協助大、中、小型企業和新創企業做人才培訓並引進神經行銷學，過程中我領悟到，**英語圈國家（美國、澳洲、英國等）與日本的差異在於對行銷學的理解力和基礎知識不同。**

原因出在「參與競逐的人口」。英語圈國家人數較多，從事商業的人也多，結果就是行銷技術很突出。

不同的是行銷的目的。**行銷不等於招徠顧客，行銷的目的在於建立信任關係，記住這一點會比較容易獲得成果。**

要讓商品售出不能沒有信任。

不論閱讀任何行銷學或銷售方面的教材都會提到這一點，假使沒有信任基礎還能進行行銷、推銷，那不是脅迫就是詐欺。

行銷對信任關係的建立很重要，而要運用「39秒推銷術」，行銷必須具備「3個T」（不同於品牌保證提到的3個T）。

我在第一章中稍微談到過，就是要時時意識到「Timing」（時機）、「Trouble」（煩惱）並增進「Trust」（信任）。

強化「3個T」再進行39秒推銷術

就會得到「暢銷」或「建立口碑」的結果！

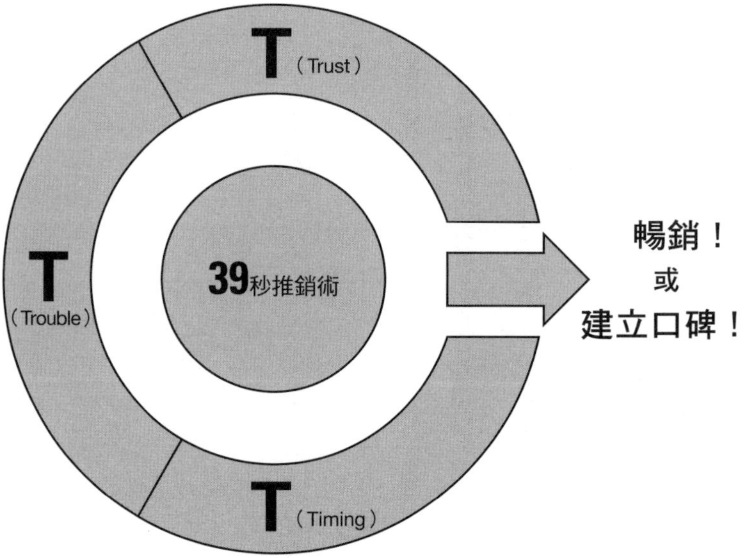

說到底，行銷就是與銷售對象間的溝通。

① 溝通中對方會與自己對話……

② 發覺你能深刻理解自己的煩惱（Trouble）。這時對方如果有時間看你為商品、服務做的介紹，即表示時機對了。然後對方才會開始信任（Trust）能理解問題的你……

③ 對具有實際成效的解決方案產生興趣，儘管不曾嘗試過……

④ 受到「現在就應該買」的鼓吹，做出「購買」的決定……

⑤ 付諸行動與你聯絡

整個過程就像這樣。

也就是說，讓品牌多次出現在顧客的眼前很重要。

將一再發生的偶然看作必然是人的心理。

當人一再看到同樣的廣告，就會覺得那是自己需要的。

而讓顧客的意識浮上水面，並覺得自己提供的商品、服務能解除他的困境、值得信任、適時（正好想要），即是目的。

總之就是**要讓對方知道自己的苦惱**。

此外，在告知對方苦惱時不能不小心，不要變成在販賣對方的需要（needs）。必須解決的苦惱和人類的欲望「wants」很接近，那絕不能算是需要。這部分搞砸的話，行銷和推銷都會受挫。

「39秒推銷術」重點建議 21

行銷的意思是，凸顯自己比對方更理解他的「苦惱」

□利用欲望（wants）進行銷售，提供需要（needs）！

近代，活躍於Google、嬌生、卡地亞等企業的行銷人常說的一句話就是，「利用欲望（wants）進行銷售，提供需要（needs）！」。

也就是說，以往至今的廣告都敗在：依據調查結果的需求設計訊息再讓消費者知道這一點。這樣的話顧客不會買單。

有幾個原因。

①顧客最後會掏錢購買，主要是因為接觸次數一多便產生信任的心理學效應、單純曝光效應（Zajonc效應），並沒有必要花大錢做廣告。

②顧客在問卷調查等的調查方法中所說的「購買理由」是有意識的「需

求」，而我們買東西常常是基於無意識的「欲望」。

有意思的是，我們會延後購買必要的物品（needs），對於會挑起「想要」欲望的物品（wants）則立刻有反應並購買。

行銷是要讓對方看見想要的東西，而提供的一定要是對方真正需要的東西（needs）。

見過這麼多商業現場我發覺到一個現實，**就是需要的物品絕不吸引人，而且只有意識等級高的顧客，或處於危機狀態下的顧客會購買。**

比方說，絕大多數的朋友都知道必須維持體態、健康地過生活，但明知必須那麼做，卻幾乎沒有人會真的節制飲食。

不過，只要曾經親眼見過有人減肥成功後很受歡迎、人生順風順水，自己也會想要變成那樣而願意努力。

你必須充分理解因為這樣而減肥的顧客渴望得到什麼？或是自己提供的商品、

服務要如何挑起人的欲望。

那麼，具體地說，人的欲望是什麼？

就神經行銷學的觀點而言，就是快樂（變得更快速、有趣，或是快活）。

要讓什麼改變？當然是日復一日的生活。

只要能幫助人獲得「時間」、「勞力」、「金錢」，就能滿足人的欲望。

關鍵詞是「成為」、「能做」、「得到」，及其否定詞。

例如：

- 「**成為**名人」
- 「**成為**有錢人」
- 「**成為**笑容迷人的人」
- 「能自由地**做**任何事」
- 「**得到**自己的家」
- 「**得到**一輩子不愁吃穿的資歷」
- 「**得到**理想情人」……等等

這些都是會讓人感覺很有吸引力的句子。

當然，「想要的東西」和「想回避的東西」會因性格類型而改變。

那麼，具體來說，行銷要做什麼呢？

行銷的種類和目的有很多，基本流程如下：

〈1〉調查（research）顧客（target）的需求（needs）和欲望（wants）

〈2〉為滿足這些需求和欲望、獲得成果願意付出多少錢？多少錢可以販售？覺得價格多少妥當？（價格設定）

〈3〉依此定價開發預期能賺錢的商品（包裝）

〈4〉買方容易取得的通路和商品展示（通路行銷）

〈5〉廣泛地教導人認識該商品的優點（宣傳、行銷）

〈6〉有助於促進再次購買、商品升級、購買新商品等，能進行再行銷的顧客管理（顧客服務）

〈7〉最後，獲得可作為相同商品強有力的行銷材料、顧客的心聲（證言），用於

下一次的行銷中

如果能順利依照這流程去做，顧客就會出現在眼前。

本書不是行銷學的專書所以就談到這裡為止，只簡單扼要地說明應當迴避的要點和應該做的事。

「39秒推銷術」重點建議 22

重要的是想得到的結果，而不是其所必經的過程

□了解、喜歡、信任、購買

有了「信任」的基礎再進行銷售，買方就會很爽快地購買。

沒有經過那個階段就進行銷售的話，對方會感覺你在強迫推銷。

然而，絕大多數的人對這個階段並沒有明確的認識。

我們每個人都是選擇自己覺得信得過的商品購買，而我們會相信自己所喜歡的東西，並只會喜歡自己了解的東西。

「了解」→「喜歡」→「信任」→「購買」。行銷的明確目標，就是**要完成這所有階段**。

而「39秒推銷術」的任務則是搭橋，讓人從「信任」走到「購買」這一步。

也就是說，行銷要先解決前面幾個階段，或者必須在談話中贏得對方的信任。

「39秒推銷術」重點建議 23

未贏得信任不可進行推銷

信任的階段

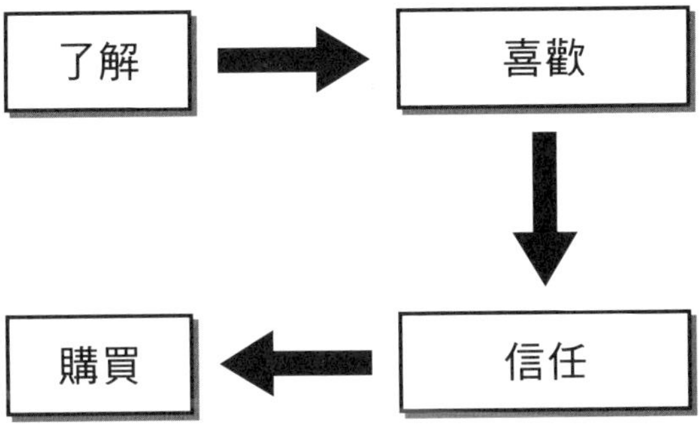

人會相信能夠說出自己的問題、煩惱、痛苦，且表達得比自己更好的人，如果能在行銷或銷售過程中做到這一點，對方肯定會相信你。

□ 行銷即意指讓僵屍復活

我的朋友賈斯汀・堤奧（Justin Teoh）是位國際級的演說家，同時也是影片行銷專家，據說他認為行銷就是「讓僵屍復活」。

我想為聽了這話覺得莫名其妙的朋友簡單說明一下。

我們會試圖利用電郵、傳單、廣告或電話去接觸潛在顧客……，就是感覺可能成為顧客的人。假如這時**對方沒有任何反應（response），我們就稱為僵屍。**

之所以會變成僵屍，可能的原因有我們握有的聯絡方式有誤，或是對方現在沒在使用那聯絡方式等，如果繼續努力，就有可能使他們復活。

首先，接觸後對方如果有些反應即可展開行銷。

下一步要打探對方正面臨的問題，或讓對方意識到問題。

比方說，如果是做自來水管線工程的人，可以這樣問：

「在用水設施方面曾遇到什麼問題嗎？」（過去）
「在用水設施方面有沒有不便的地方？」（現在）
「您知道使用超過5年的水龍頭有劣化之虞嗎？」（未來）

如果是透過電話、電郵或Line等的閒聊，這樣問，相信對方會立刻有反應。遇到對方不能立刻給你回應的情況，則必須直接當那問題存在，以此為前提繼續交談下去。

因此下一步就要弄清楚那問題是否實際讓對方苦惱（Trouble）。只要了解那問題是否對對方的工作和人生帶來不好的影響即可。在問法上有「因為○○（問題）導致什麼損失？」、「○○帶來怎樣的影響？」等。隨便亂問可能會造成「那問題有那麼糟嗎？」之類的感覺。

以剛才的自來水管線工程為例，就要像這樣問：

「您所說的用水方面的問題，請問當時受害的情況是怎樣？」

「因不便而引發的具體損失是什麼？」

「您知道一旦劣化，有可能發生漏水或因鏽蝕導致誤飲等情況嗎？」

我們一定要直接從顧客口中得到「那問題造成一定程度影響」的答案，或在顧客腦中形成這樣的認知。

為什麼呢？因為假使我們認為的問題被對方認為「不會對人生造成多大影響」的話，他就不會想要花錢解決那問題。

如果這時得到「有影響」的答案，那人就是「可望購買的顧客」。

而如果那樣「可望購買的顧客」就在眼前，當然要啟動「39秒推銷術」。

如果不是，那麼為了在網路上找出潛在顧客，**要用被稱為「Lead Magnet（吸引潛在顧客的磁鐵）」的東西交換顧客私人的聯絡方式（取得名單），或將買方直接引導至登陸頁（銷售頁）。**

Lead Magnet

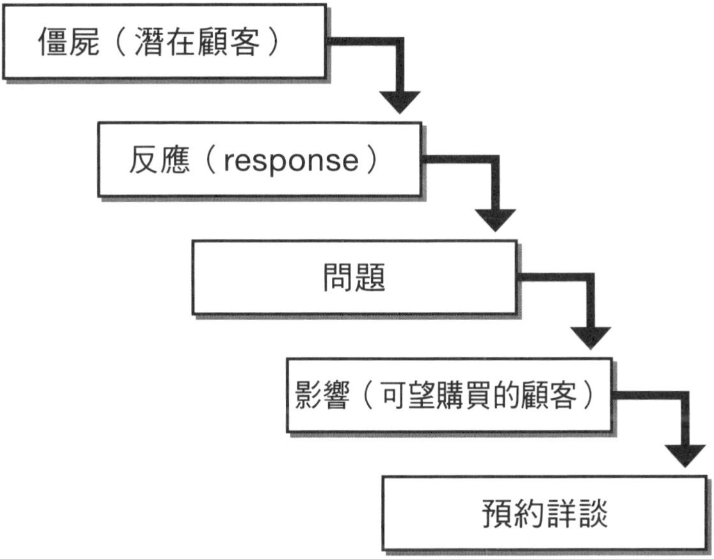

順便告訴你，所謂的Lead Magnet多半是電子書、動畫、錄音或測驗結果等。

那麼，為了有效獲得買方的反應、準確抓到具有影響的問題，該怎麼做才好呢？

下一小節再來談這部分吧。

「39秒推銷術」重點建議 24

應當先確認對方是有效對象（不是僵屍）再開始行銷

□調查不要徵集意見！要多問對的問題

調查基本上是為了詳細了解買方的問題。

「該賣什麼？怎麼賣？」的情報收集不是調查的主要目的。

我並不是討厭意見調查。

只是，作為一個過去曾是統計學教授的心理學者，**我想先告訴你，要靠意見調查這種「答案有多種可能，端看你怎麼問」的工具推知人真正的想法並不容易，結果常常變得模稜兩可。**

某航空公司曾經將顧客集合起來問問題。

最後，他們試圖找出「顧客在挑選機票時會依據什麼做選擇？」的答案。

假設你要購買機票，你考慮的重點是什麼？

一般人的想法大概就是研究每家航空公司的「價格×總飛行時間×出發和到達時間」，再決定購買吧？

若不是因為宗教因素在餐點上有特殊要求，或需要特別服務之類的，基本上應該就是考慮這些部分。

我想在那之後才會考慮選擇感覺服務好、事故率低的公司吧。

或者，頂多就是有平時在累計里程數的航空公司，所以偏愛那家公司。

然而，**這家航空公司徵詢顧客意見得到的結果竟然是「座位的寬敞度」。**

附帶說一下，這家公司根據此調查結果打出的廣告以失敗告終。

希望你好好想一想。

如果有寬敞的座位確實很好，但如果想要寬敞的座位，會搭商務艙或豪華經濟艙。

在挑選航空公司時，只要座位不是極端狹小不便，即使是不列入考慮的公司，「座位的寬敞度」也不可能是主要原因。

現今的大腦科學已發現，人是在無意識中做出購買的決定。

如果是這樣，有意識地作答的問卷調查中不會有「購買的真正理由」。

相反的，如果有一種調查法是觀察目標對象的日常，發現他們的困境、不便，其得出的答案才會抓到重點。

既然是意見調查就當作參考，用來作為行銷的材料，或宣傳「有○○%的顧客表示滿意」之類的，除此之外最好少用。

「39秒推銷術」重點建議 25

行動是無意識地讓自己騙不了人，言語卻會無意識地說謊

□按一個鈕就解決的服務賣不出去

如果一項商品很簡單，確實會有人看輕那項商品的價值。

所謂「好康的事一定有鬼」。

比方說，假設有一項商品便宜又划算。

而它可以賣那麼便宜，也許是拜你獨自開發的流通網或技術所賜。可是這是企業機密，不會告知社會大眾，就算告知，會記得商品流通網的顧客大概也少之又少。

也就是說，顧客會探究「為什麼划算」。

這時候，如果要稍微費點工夫、不方便，顧客反而會放心地購買。

你也許覺得意外，但如果刻意展現「一切從簡，不做任何包裝」，人反而會心

生懷疑而不買那項商品。

日本是重視待客和服務的國家，有著讓服務對象輕鬆省事是好事的觀念，但也必須考慮到顧客也許並不希望如此。

比方說，IKEA家具公司就是以「自己DIY」為賣點。刻意讓人感覺到自己動手做有其價值，進而使大腦接受「那就是它便宜的原因」。

如果是可以一切包辦的全套服務，不但要設定高價，還要限定數量、不容易取得等，否則不好賣。

這時的關鍵詞就會是「為什麼呢？」。

「按一個鈕就解決了！為什麼呢……？」。

後面如果附帶一些理由的話，顧客「大致」就會接受。

能不能在廣告中呈現這部分將是成敗的關鍵。

「39秒推銷術」重點建議 26

方便過了頭，人會懷疑「有鬼」

□想利用廣告取得戲劇化反應就要使用「3個B」

想知道有什麼方法可以迅速提高看到廣告的人有反應的機率嗎？

那就是廣告業界所謂的「BBB」、「3B」。

也就是「Beauty（美女）」、「Beast（獸類）」、「Baby（小嬰兒）」。

只要在廣告中加入這三者的圖畫或照片就會很好賣。

實際上，我一個學生很高興他在廣告中加入與商品毫無關係的小嬰兒照片後，反應率上漲7倍。

現在我們就分別來看這3個B的效果。

首先是「Beauty（美女）」。

假設有大腦科學的協助，且能遵守一般常說的「美人黃金律」，Beauty並不一定要是「絕世美女」。

最好是選擇與買方年紀相仿、一樣性別的人。

有時為了獲得共鳴，不漂亮、像普通人的感覺反而比較好。

而且，讓那普通人的四周圍繞著俊男美女更容易引起反應。

理由是會得到共鳴，使願望實現。

要注意的是，性表現不要過火。

倒不是基於政治、法律、倫理、道德上的考量，而是從大腦科學及統計學的觀點來看，「性表現過火也不會有效果」。

很久以前，「性很好賣」這類觀念曾在廣告界風行一時。然而，根據行銷學大師馬丁・林斯特龍（Martin Lindstrom）的研究，性很好賣是因為過去它是社會的禁忌，卻反而登上媒體、被人觀看的緣故。

這在社會心理學上叫做「卡利古拉效應（Caligula Effect）」，因為1980年『羅馬帝國豔情史（Caligula）』這部電影在美國部分戲院被禁之後，進場觀看人數反而增加，於是「卡利古拉」一詞便用以**指涉愈被禁止就愈想要**的效應。

現在對性的禁止已不如1980年代那樣嚴厲。

現在的少年、少女刊物在性的表達方面已經夠激進了不是嗎？

因此，如果看不出會有「卡利古拉效應」，又加碼做到會被禁的程度，恐怕一般媒體都不會播放，反而喪失廣告的意義。

而且有調查顯示，社會大眾看到性表現強烈的廣告後「會記得性表現的部分，而不會記得那是什麼商品、服務」。我們會關注美女，但也可能只看美女而忽略其他一切，希望你切記這一點。

其次是「Beast（獸類）」，事實上昆蟲、海洋生物也沒關係。

我們的大腦會對人類以外，且「危險」、「討人喜愛」或「神祕」的三類生物有反應。

經營吉祥物生意大致都抓緊這三要點。

你也許會有疑問，那不屬於這三類的生物是什麼？

那就是不具稀有性、無害但也無益的生物。

比如，看似無毒的青蛙和蜥蜴、不具毒性的昆蟲（瓢蟲、蟬）、非家畜但對人類不具威脅的草食性動物（山羊、斑馬等），都被歸為用了也不會引起反應的動物。

選用動物之所以失敗，通常都是因為雖然認識那動物，但無法立刻產生聯想。不過，假使那反差與商品、服務的形象吻合，選擇不易產生聯想的動物也ＯＫ。如果不知道如何選擇，可以像流行一時的咖啡店那樣選擇貓，或是像企業的電視廣告等選擇用狗，這樣也許最保險。

接下來是「Baby（小嬰兒）」，所有人都會關注。秀出嬰兒照片的0．15秒後，大腦內側前額葉皮質就會變得活躍起來。這部位的活化被認為有益於社交，並能夠促使人做出受人歡迎（得到報酬）的行為。

也就是說，如果信裡有嬰兒照片，收到信的人就會回信；遺失的錢包裡有嬰兒照片的話，拾獲的人就會送去警察局；廣告傳單裡要是有嬰兒照片，消費者就會想仔細閱讀。

換句話說，我那位學生在廣告中放入嬰兒照片後反應率會上升，大概也是促使這一類念頭浮出表面的結果。

如果買方是為人父母者，嬰兒照片尤其有效。女性的話，看到嬰兒時體內會分泌一種愛的激素「催產素」。這激素會對購買產生有利的影響。男性也會分泌類似的激素（分泌量比女性要少）。

不過，男性的話，則是看到嬰兒哭，或是露出快哭或有可能哭的表情時，會分泌一種射精後也會分泌的激素「泌乳素」。也就是促使男性失去性欲、急速冷靜下來的物質。

如果只是可愛倒是無妨，但哭泣中的嬰兒或小孩的圖畫會讓男性顧客冷靜下來，啟動「系統二」的腦，進而可能做出「不買」的決定，要小心。

「39秒推銷術」重點建議 27

以前就經常使用的技法也要小心利用，否則會受重傷

□製造資訊的不完整！

人對已經完成的事物不感興趣，不會引發購買的行為。

比方說，播完的電視劇、連載完的小說、漫畫等，若不是有人強烈推薦，人不會想要看。現實中，書店會擺出連載中的書，而連載完了就不會再擺出來。

電影預告也是，如果看預告就能完全料到劇情的話，就不會有人去看電影了。

若你好心地為對方著想，試圖放進所有資訊，最後會做出一支毫無意義的廣告。

這在心理學上叫做「開環（Open-loop）」，如下一頁的圖形所示，意思就是人會對空白的地方感到在意，想把它填滿。

看到未完成的東西就會想把它完成，這就是人類的大腦！

像這樣未完成的東西具有引起人注意，讓人因為在意而留下印象的特性。因此近來常會見到「詳情請見網站！」這樣的詞句。以前的做法是將關鍵部分空白或改以符號顯示，就像這樣：「為幫助你提升業績必不可少的〇〇法則！」

電視節目會在最精采的地方打上「〇〇（藝人）那時竟然看到！」這一類字幕，然後進廣告。

就是俗稱Cliffhanger（面臨驚險狀況的人）的手法。

就商品、服務的行銷而言，一開始要引起人的興趣也會使用這手法。

不過，真要說的話，最理想的做法是，做完各種說明後告訴對方「最後要請您親身體驗。如果不見成效會全額退費」，類似這樣。

若能運用「39秒推銷術」讓人產生興致，想親身嘗試完成最後一塊拼圖的話，對方就會願意購買。

「39秒推銷術」重點建議 28

記住！「購買的目的是為了完成」

□一開始不要自我介紹

對方不會記得你或公司或產品的名字。

你曾經參加過宴會吧？

應該有過向多位出席者做自我介紹，卻不記得對方是誰的經驗。

網路上的影片也是，比如You Tube的廣告，現狀是觀眾會略過開頭5秒的廣告，根本不記得商品或服務的名稱。

人不會去記對自己沒有好處的事。

假使勉強要介紹，好的話會被忽視，最糟的是引發拒絕廣告的現象，促使對方做出「絕對不買」的決定。

當然，如果對方先自我介紹，自己也要自我介紹才有禮貌。

但目標終究是要**讓對方主動問你「從事什麼工作」，或「抱歉，我忘了您的大名是？」**。

這麼一來就確定對方對你感到好奇。

也就是說，包括你的名字、商品名稱、服務名稱或是公司的名稱都屬於銷售的一環。而且，在對方想知道、詢問之前不可以先說。

人的印象是在瞬間形成的。第一秒會考慮的只是「對我有什麼好處」。你也許聽過類似的說法，但要理解這本質其實很困難。

錯誤的例子如：

「我是○○公司○○部的○○」

「我是以個人的方式在從事○○」等

兩種說法都沒有把焦點擺在對方身上，對方的大腦只會覺得「不關我的事」。

自我介紹要抓住重點，如：

「我們專為像您這樣的自雇人士，提供39秒即成交的『39秒推銷術』企業培訓課程。」

「我們是專為像您這樣的推銷員，提供讓您在兩天半內達成兩個月銷售業績的『39秒推銷術課程』。」

這樣的說法在媒體術語上叫做**「sound bite（聲音咬一口）」**。

第40任美國總統羅納德．雷根和日本前首相小泉純一郎都曾使用這樣的技法。

要將這套技法應用於日常會話中，基本上重點就是「對象是什麼人」、「會帶給他什麼結果」、「用什麼方法」。

「39秒推銷術」重點建議 29

不知道意義何在的話，大腦連名字都記不住

□機密！商業用「10秒Sound Bite」

那麼，究竟該怎樣利用前面提到的Sound Bite呢？

這一小節我們就要來看看其手法。

首先是「對象是什麼人」。

你會如何描述自己？

男性？女性？上班族？粉領族？自雇者？業務？服務於外資？從事醫療工作？任職於本土企業？大企業？年紀多大？年收入多少？等等。

具體地說，對方怎樣描述自己，你就必須用同樣的方式來跟他說話。就我長年來的觀察，提供商品、服務的人的問題是，表達方式或是過於籠統，或是相反地過於具體，呈現兩極。

例如像這樣的感覺：

「這是專為打掃的人所開發的商品」

「這是專為上班前10分鐘還在埋頭打掃家裡的人所開發的商品」

「打掃的人」這樣的用詞指涉範圍過廣，不做的人反而是少數；而「上班前10分鐘還在埋頭打掃家裡的人」的說法，由於不曾這樣描述過自己所以沒有感覺。

我想像不出有人被朋友問到「你會打掃嗎？」，會回答「我是會打掃的人」，或「我是上班前10分鐘還在埋頭打掃家裡的人」。

倒是曾聽過「我滿喜歡打掃的」，或「我很勤於打掃喔」。

也就是說，以打掃的人為目標對象的商品，用「**這是為滿喜歡打掃的人所開發的商品**」來介紹，對方的大腦才會認知到你是在跟他說話。

其次重要的是，「會帶給他什麼結果」。

這裡不可誤把「結果」認為是「具體的什麼」。

只需要把第3章的品牌保證套用在這地方就行了。

例如：

不能說「按照你的程度，由母語人士個別指導，16堂60分鐘的英語會話課」，要說「從零開始，短短兩個月即擁有不必導遊陪同、獨自探索夏威夷的英語能力」。

現實中如果有這兩個選項，你會想選哪一個呢？結果未知的16堂英語會話課？還是多少能預料到結果的英語能力。大腦會選擇後者。

不保證能得到想要的結果，買方才不會願意聽你說。

我的一位老師布萊爾・辛格（Blair Singer）經常問我：「**What So Good About That（那東西何處讓你覺得這麼好）？**」如果不知道自己提供的商品、服務會帶給人什麼樣的結果，只要持續問自己「要說〇〇（商品）的什麼地方讓我覺得這麼好……」，慢慢就會找到答案。

最後才是「用什麼方法」。

這指的是使用獨特的系統或程序的你所提供的商品或服務名稱。

不到最後一刻都不要提到商品、服務的名稱，或公司名。

不遵照這樣的順序，名稱就不會被輸入大腦裡。

當然，善於記名字的人應該會記住，但那種人也會記住許多其他商品、服務的名稱，所以就結果來說你沒有占到任何優勢。

不論行銷或是推銷，都必須思考要如何讓人留下記憶。

我建議遵循大腦的法則。

然後再對這些對10秒Sound Bite感興趣的人進行「39秒推銷術」。

「39秒推銷術」重點建議 30

10秒Sound Bite會是行銷的最大關鍵

Chapter 5

隨意刺激
對方的五感

□我們是用視覺（尤其是顏色）在購物

首先我想為說謊一事向你深深道歉。

其實不是五感，是九感。更進一步說，身體內部才有的感覺有12個以上，所以九感的說法可能也不正確。總之這裡要談的不是一般常說的「第六感」。

由於最尖端學者的真話不符合一般常識，照實寫的話很可能被說成「可疑」，所以標題只好這樣寫。

那，這事與你有何關係呢？

大腦處理訊息有先後緩急的順序。

訊息處理量和重要度有很大的差異。

既然這樣，你應當依對象調整與對方溝通的方式吧。

為什麼呢？因為選錯方式的話，同樣一分鐘能傳達給對方的資訊有可能只剩不到一半。

顧客如果沒有留下任何印象，就不會購買你的商品或服務。

就算想買也想不起你的商品或服務，最後上網尋找解決方案，讓搜尋引擎最佳化做得很好的其他競爭對手（大公司）搶走生意。

如果不希望這種事發生，就要學會刺激人類感官的技巧，以好好讓人記住大量、優質的資訊。本章會幫助你讓它成為可能。

前言說太多了，現在言歸正傳。

那麼，我們就從最重要的感官「視覺」開始談起吧。

視覺，也就是從眼睛接收到的訊息。如圖畫、影像等。

視覺在我們體內扮演多麼重要的角色呢？

即使只有文字訊息，我們的視覺每分鐘能處理250～300個英文單字（日文的話是500～600字），是處理訊息量最多的一種感官（參考自

Ziefle, 1998）。

此外，大腦雖然掌管呼吸、心臟這類重要的身體活動，但在大腦的構造上，負責處理視覺訊息的區域就占了20％，是最大的一塊，而且視覺還會輔助其他的感官，所以全部算在內的話，**我們的大腦有60％都在處理視覺訊息**（參考自Keller、Bonhoeffer,& Hübener, 2012）。

相信你已明白「看」這個行為有多麼重要了。即使只是說話，刺激視覺的方法要多少有多少。肢體語言、讓人聯想起影像的措辭。

在神經行銷學的領域，一般認為人不會購買非有形的商品。即使腦中能想像，但看不到就不會購買，這就是人。

而在那之前更要緊的是，**人會因為「顏色」而購買**。

顧客不買的理由中有一項是「價格太高」，但那是騙人的。

不同行業雖然會有差異，但統計上，據說50～60％的反對意見都是「太貴」或

「沒錢」這種與錢有關的因素。而經過實際調查這些人的荷包，發現真的沒錢無法購買的不到5%。

人在買東西時最看重的是「品質」。不過，事實上那是顧客的發言所顯現出來的，表面上是「因為品質好」，但心裡其實是「因為顏色好看」。**品質好但顏色不好看的商品，我們不會購買。相反的，如果顏色好看但品質不好，有些人還是會買。**

我們自古就會用顏色來表示品質。特定的顏色只有皇室或王室成員才能使用之類的。

美國的WebFX公司曾經做過一項名為「請您在90秒內選定一樣商品」的實驗。

表示「因為顏色漂亮而購買」的人高達87．7%，而有93%的人看到實際商品會以外觀決定購買。這與業種和商品種類無關。

此外，他們的研究結果並指出，**花90秒的時間決定購買的人，62~90%其實只做了顏色的分析。**

而且，80%的人都表示「品牌的顏色很重要」。

為什麼顏色很重要？因為人類一直是用顏色來辨識一切，如好惡、善惡、新鮮或腐敗等。

另外，關於什麼顏色比較好，觀察世界前100名企業所設定的企業標準色，39%為藍、藍綠色系，29%為紅色系，25%為黃色系。**單純依這項結果來看，如果與你提供的商品或服務形象吻合，就可以選擇藍、藍綠色系。**

各個顏色都有其得自自然界的意象。

- 紅色↓行動、熱情
- 粉紅色↓纖細、女人味
- 紫色↓心靈的感覺、高貴
- 藍色↓信任、自信
- 綠色↓健康、療癒
- 黃色↓積極的、精力充沛的感覺

- 橘色↓年輕、價格公道的感覺
- 褐色↓高級、不動搖
- 黑色↓傳統、正式
- 白色↓純粹、和平
- 灰色↓權力、安定感

諸如此類。因此，先弄清楚什麼顏色最適合自己的商品或服務，然後利用那個顏色讓人產生整體感就行了。

人會不自覺地判斷顏色與商品、服務的整體感。

只要感到不諧調，大腦便瞬間進入「系統二」，變得不願購買。

比方說，米其林三星高級法式餐廳的招牌使用某牛丼連鎖店的橘色，會讓人有種靠不住的感覺，不敢上門光顧。

我的老友千先生是位專業設計師，他說：「徹底推翻品牌形象並無不可！」可以採用不同於以往的配色。

不過，這只能用於活動或短期性目的，或是在目標達成前的期間，它並不能半永久地被使用。

他常舉的例子是，據說路易威登有一段時期推出彩虹圖案的商品，與以往的褐色大異其趣，引起話題，因而銷路長虹。

不過，如果長期持續推出這樣的商品，或過度強打這類商品，老顧客（愛用者）當然會流失。

我在前一章曾提到，過火的性表現是意圖利用話題性博取多方面媒體的報導，以達到行銷效果，但我要提醒你，顏色與商品的不相稱在具有話題性的時候還好，可是一旦大家都不再覺得新鮮，變成只剩下不諧調感的商品時，就不會有人願意購買了。

「39秒推銷術」重點建議 31

用視覺訊息打動人。尤其小心用色！

□ 旁白為什麼多半是女性？

接下來要說明「聽覺」的部分。

即以聲音的形式提供訊息。

聽覺每分鐘頂多可以處理150～160個英文單字（日文的話約300～320個字）的訊息量（參考自Williams, 1998）。

也就是說，提供的訊息量大約是視覺的一半。

針對聲音的調查結果顯示，**女性的聲音比較好賣**。

理由各式各樣，最主要的是咬字清晰，音調較高也比較容易聽得懂、傳得遠。

再加上，女性說話的聲音比較會有高低起伏，音程不固定，所以不會覺得膩。

因此，廣播、旁白或避難指引等，多半是使用女性的聲音。

如果行銷想著重聲音的表現，那使用女性的聲音比較保險。

首先要重視的是清晰度。如果是講話容易聽得懂，或受過訓練的男性當然也可以，但女性的聲音畢竟比較不會引起人的戒心。

這就是客服和櫃台多由女性擔任的原因。

此外，影像和動畫由於會同時刺激視覺和聽覺，所以如果不能以真人面對顧客，透過動畫提供資訊會是非常有效的做法。

根據英語圈國家的網站上說，「1分鐘的動畫裡含有相當於180萬字的訊息量」，說得滿像回事的，但到底沒有多到那種地步。而且影片的內容也會影響訊息量。

意思就是，要刺激大腦，會動又有聲音的動畫比任何媒體都要有利。

「39秒推銷術」重點建議 32

如果只有聲音就起用女性！可以的話多利用動畫

□「39秒推銷術」為何最後要以握手結束

接下來要談「觸覺」。

對肌膚的刺激，主要刺激的是手指和手這類部位。即藉由震動或其他的動作來傳達訊息。遊戲機會震動即是採納這樣的原理。

觸覺具有每分鐘處理約125個英文單字（日文的話約250個字）的效果（參考自American Council of the Blind, 2017）。

這訊息處理量不容小覷，**所以盡可能多多握手或做其他的互相接觸（社會普遍認為適當的接觸），購買率會提高**。

在人們以白紙黑字簽約之前，以前的人據說都是以口頭約定，互相握手，並由第三者作證，這就算「簽約完成」。

因此，只要口頭答應「要做」之後雙方有握手，大腦便產生要達成約定的強制力。

因為這緣故，「39秒推銷術」的最後要以握手結束。

而最重要的是，大多數人的購買模式最後都很重視手或皮膚接觸時的觸感。

「我提供的是無形的服務，所以這與我無關吧？」

不，並非如此。這種情況，對方的大腦會認為簡介手冊就是商品。

我也要藉由本書告訴大家一個「39秒推銷術」的觀念——在大腦科學上，最初幾秒即定勝負。也就是說，在見到對方進行推銷的前期階段，我們就已經交出會決定對方對我們的印象的某些線索。

也許有人已經知道是什麼了，那就是「**名片**」。

我在專題討論會上及擔任顧問時，經常苦口婆心地奉勸我的學生和客戶：「做一張有價值、不會被人扔掉，讓自己感到驕傲或想使用的名片吧！」

順帶告訴你，方法有很多，據說實際採用的人光靠名片就讓生意自動上門，連推銷都不必了。

一旦開始談「神經行銷學的名片製作講座」就要花很多篇幅，而且偏離本書的主旨，所以我只簡單地重點整理。畢竟，一張糟糕的名片只會對「39秒推銷術」造成不良影響。

名片的問題是，在拿到名片的人看來，「手中有一堆名片」、「記不得誰是誰」、「沒有價值」。最後就是被扔掉。

大腦科學式的逆向思考是**「錢包中最不會被扔掉的東西是什麼？然後把名片做成像那樣東西就行了不是嗎？」**。

如果照這樣做，大腦就會誤認，如此名片就不容易被扔掉。

話說，你應該也整理過錢包吧？

留到最後的東西是什麼呢？

「紙鈔」、「銅板」、「身分證」、「定期票券或ＩＣ卡」、「信用卡」……假使有的話，可能還會放「家人的照片」，或是「集點卡」，是不是呢？

這當中每個人都有且不想弄丟、價值高，和名片一樣大小的東西是——？那就是「信用卡」或「ＩＣ卡」。

兩者的使用額度都確實超過最大幣值的1萬日圓。而且遺失時，非本人也可以使用。

兩者的共同點有：固定的尺寸、重量、硬度、形狀、設計，且「單一用途」。

若能仿造這當中的某一樣製作，就能做出大腦科學上認為的不易被扔掉，且拿到的人會無意識地覺得它有價值的名片。

當然，名片的設計、重量和厚度也要隨著發送對象是企業或個人做調整，這部分希望能與設計師討論之後再製作。

還有就是不要弄錯了雙面的資訊量。

簡單就是最好的。好的設計、廣告、動畫、推銷話術皆取決於你刪去了什麼。和「39秒推銷術」一樣，話說得愈少愈有益於顧客。

「39秒推銷術」重點建議 33

了解握手和名片的重要性及活用的方法

□ 惡臭會瞬間澆熄人的購買熱情

現在要進入到被稱為「非慣用性感官」的部分。

若從刺激五感的角度簡單說明，就是「正因為不常使用才有機會」的資訊提供法。

雖然有些資訊必須具備技術上、法律上、倫理上或道德上的特殊資格才能提供，但如果能以間接的方式提供，對方的理解度和敏感度就會提高。

最重要的是，其他競爭對手幾乎都不會提供，所以是很好的著眼點。

其中最具代表性的就是「**嗅覺**」。

味道好聞的話人就會想購買；難聞的話則會躲開。

聽說最近日本的計程車司機出發前一定要噴除臭劑並經過檢查才行。

此外，汽車製造廠愛快羅密歐和BMW從以前就一直在利用芳香策略。

比如愛快羅密歐的芳香片（為汽車增添特定的香氣），或是BMW的手冊會散發新車的香味等。

嗅覺是唯一與大腦的情緒中樞（杏仁核）直接連結的感覺，因此如果是會引發愉快情緒的香味，一下子就能讓人心情好起來，想起種種回憶。

反之，如果是惡臭，購買意願會瞬間消失。

順便提醒你，香水使用過度會變得很刺鼻，也會有問題，要小心。

讓人聞到香味而不會覺得不自然，這樣就好。

比方說，自己家使用淡淡的薗草香，或是旅行社使用帶有南國意象的鳳梨、椰子、芒果的香味等。

在某化妝品公司上班的朋友曾經告訴我，香水業界的研究發現，麝香這種自然的動物氣味（標本等可以聞到的程度）具有興奮作用。

因此，聽說幾乎所有男性的香水都摻雜了少量的麝香。

也就是說，我們都長期被香水公司「強迫購買」，就男性而言，隨便買一瓶男性用香水，只要不是女性討厭的味道，就能得到想要的結果（讓女性感到興奮）。

雖然不是必需，但因為少量即可，所以希望你抹一點芳香精油或是香水再挑戰「39秒推銷術」吧。

「39秒推銷術」重點建議 34

氣味難聞會賣不出去，無臭無味則無法讓人記住

□大腦會讓味覺失常

接下來要談「**味覺**」。

一般認為，如果被迫蒙住眼睛、塞住鼻子，我們幾乎無法分辨食物的味道。

有項百事可樂和可口可樂的實驗使神經行銷學一戰成名。

也就是俗稱的百事挑戰，這項著名的實驗為購買者心理學及大腦科學塑造出的神祕色彩持續了近30年。

1975年百事可樂舉辦了一場大型活動。他們在全球各地進行測試，讓人試飲兩種飲料，然後記錄哪一種比較好喝。

試飲的人是在商品標籤被遮住，不知道哪一個牌子的情況下飲用。

最後得到半數以上的人都愛喝百事可樂的結果。

如果單看這結果，那麼好喝的飲料一定會暢銷。

也就是說，21世紀百事可樂應該會主宰全球的飲料業界。

可是，現實並非如此。

對此現象有兩種解釋，兩者都正確。

第一種是心理學的解釋，麥爾坎・葛拉威爾（Malcolm Timothy Gladwell）在其暢銷全球的著作《決斷兩秒間》一書中，藉由與百事可樂開發部核心人物的訪談證實了這項說法。

那就是試飲只有一口，如果只有一口，瞬間的衝擊便很重要，因此試飲的人會以甜度作判斷。而百事可樂比可口可樂要甜，雖然試飲比較討喜，但要喝完就比較困難了。也就是說，實驗的數據收集錯誤。

第二種是大腦科學觀點的解釋，瑞德・蒙塔格（Read Montague）博士2003年在美國德州休斯頓使用「功能性磁振造影（fMRI）」的大腦掃描儀器，為同一項實驗增加一點小變化。

這項實驗的做法是，一開始會在試飲前先給67名受試者「百事可樂」、「可口可樂」、「沒有喜好」三個選項讓他們選擇，結果大半受試者都回答「喜歡百事可樂」。

這時並沒有看到大腦出現任何變化。

接著，請受試者兩種飲料各喝一口，實際喝到百事可樂時，其位於大腦中央名為殼核的部位便出現「好喝」的反應。

最後，蒙塔格博士會告訴受試者要喝哪一種飲料再讓他試飲。

結果75％的受試者都說「可口可樂比較好喝」。而且大腦還顯現了其他反應。

即當我們在做困難的決定時會有反應的大腦內側前額葉皮質這個部位變得很活躍。

也就是說，屬於邏輯腦的前額葉說「百事好喝」，而與情感有關的殼核說「可口好喝」，兩者大戰了一場。結果情感打贏了。

這實驗結果有何驚人之處呢？**就是當我們事先被告知要喝什麼，我們對味道的**

看法和喜好會打敗道理贏得勝利。

這可以說是可口可樂長年推動品牌打造和行銷的勝利。

實際上，人在用餐時通常會覺得安心，容易做出購買的決定，所以才會建議利用用餐的場合談生意，但你最好記住一件事，**味覺這種感覺很容易被其他的感覺覆蓋且模稜兩可**。

儘管它一直以來都被認為是五感之一，但最好不要太依賴它。

至於餐點的內容該如何選擇呢？建議對方如果是男性就選擇蛋白質類（如牛排），女性的話就選擇糖類（如巧克力），不過並不是所有人都如此。

這些食物是在性質上會讓人高興，但不是口味的偏好，而是這些食物讓大腦分泌出的神經傳導物質受人歡迎罷了。其原因已超出本書的範圍，請容我作罷。

「39秒推銷術」重點建議 35

要賣味道很困難，但賣情感卻很簡單

□端出熱呼呼的飲料會提高商談的成功率？

接下來要談「溫度覺」。

冷、熱這種感覺攸關生死，所以非常重要。

人如果沒有什麼會活不下去？「氧氣」是個很簡單的答案。而會回答「溫度」的，頂多就是像我這種有過登山或生存體驗的人吧。

我們人一旦體溫降低持續3小時就會死亡。

因此，溫度覺在我們所有的感覺中，是極端敏銳的一種。

我們尤其喜愛會讓我們感到溫暖的事物。冷涼的東西基本上能潤喉，就重要度來說次於溫暖。

美國耶魯大學約翰・博格（John Berg）教授的研究顯示，手上拿著熱呼呼的飲料就能讓別人對你的好感度上升11%。

也就是說，商談只需準備熱飲，理論上冬天做推銷可能比較容易成功（不過這需要實驗證明）。

人具有以肉體去掌握情感變化的傾向。

反過來說，當身體感受到一定的感覺，也會誤以為感受到情感。

而重點是，怎麼做才能讓那部位感到溫暖。**口袋裡暗藏懷爐，握手前先溫熱自己的手也許是不錯的計策。**

當然，簡報這類希望別人能專心聆聽的場合，不適度地降低溫度人會昏昏欲睡，要小心。

「39秒推銷術」重點建議 36

讓買方感到溫暖吧！

□ 推銷痛苦！

接下來要談「痛覺」。

疼痛是人最想要避免的感覺之一。

因此，人具有試圖躲避肉體上、心理上和情感上痛苦的傾向，要是過去曾有過一次體驗，絕大多數的人都會不惜花費力氣（成本）避免再次感受到痛。

假使你不能刺激對方，讓對方感到痛，對方就會把時間、力氣和金錢花在解決某樣更痛的問題上。

宣傳、行銷和推銷都必須讓人聯想到「痛苦」。

我曾待過醫療現場。我認為厲害的醫生指的並不是診斷正確或醫術高明的醫生，而是能將問題的嚴重性正確地傳達給病患，如果需要馬上動手術或改善，有能

力說服病患的醫生（急診室和因故陷入昏迷狀態的患者除外）

有些疾病並沒有自覺症狀，因此醫生如果能夠讓人感受到將來可能發生的惡夢有如現在已經發生般地痛苦，就可以提早預防和治療疾病。

不僅醫療現場是這樣。

曾擔任洛杉磯黃金時段廣播節目主持人的喬埃爾・羅伯茲（Joel Roberts），據說他每天都會收到成堆「請讓我在廣播中宣傳我的商品」這樣的信件。

不過所有人似乎都有同樣的問題。

那就是「沒有把問題當賣點來推銷」。

喬埃爾說：「我們推銷員不是要販賣商品，而是要做個讓人意識到他應當知道的問題的『問題推銷員』才行。」

而當我將喬埃爾的話與我在醫療現場的領悟結合，發覺到我們不能不推銷兩種痛苦。

一是事出突然、叫不出來如刺到般的痛。

二是慢慢地、半永久性持續存在的痛。

如果無法將顧客的挫折、惡夢這一類痛苦，具體且比顧客更清楚地用言語表達出來，對方不會百分之百信任你。

明確知道問題的人常常會以為很快就能解決問題。

這時要問的是，你是否了解對方最終極的痛苦。

有個方法可以輕易發現這最終極的痛苦。

就是問：**「要說這情況有什麼問題？」**

問這問題的時候，不能回答「會死」或類似的詞彙。

為什麼呢？因為死是得到解脫不再痛苦，也許會恐懼，但不會痛苦。

比如「房間很髒」這種情況，可以這樣問：

「要說房間很髒有什麼問題，就是不敢邀朋友來家裡。」

「要說房間很髒有什麼問題，就是不敢邀女生來家裡。」

「要說房間很髒有什麼問題，就是不把房間整理乾淨就一輩子交不到女朋友。」

如此一再追問當然就會發現各種各樣的痛苦、糾葛和苦惱，希望你能好好追問。否則，設計「39秒推銷術」時會出現很大的問題。

「39秒推銷術」重點建議 37

推銷「痛苦」是必要的

□故意破壞平衡

接下來要談「平衡覺」。

平衡覺和加速感。人在平衡的狀態下會感覺不到變化，一旦失去平衡就會有加速的感覺。

而跟上那速度後，又會取得平衡，恢復穩定。

也就是說，當我們想要安定感時，會不自覺地選擇最怠惰的「什麼事都不做」、「不付諸行動」。覺得很安定的人缺乏速度感，購物猶豫不決。

這麼想來，就賣方而言，如何破壞對方的平衡可就至關重要。

雖然有數種方法論，但攪亂對方的思考只有兩種方法。

一是指出對方的「基礎有問題」。

人通常會確信自己目前的生活很穩定，至於理由為何，可能出乎意料地模糊不清。比方說，其根據可能是「至今為止不曾生過大病」或「工作單位也沒有人被開除」等。

正如有句英文格言所說的：「我們能確信的唯有人終將一死，和明天與今天不同，如此而已」，未來本該事事難料卻有人深信不疑。

這時有效的策略是，指出構成其基礎的東西其實是有如「走鋼索」或「快要沉沒的船」。

「走鋼索」即表示照以往的方式繼續下去的可能性是有，但風險很高。

對於回答「至今為止不曾生過大病」的人，可以指出：「為什麼不說，那只是暴風雨前的寧靜，以往至今只是勉強順利混過去罷了」等。

「快要沉沒的船」是一種其實已漸漸沉沒，只是假裝沒看見的狀態。

對於「工作單位也沒有人被開除」的說法，可以回問他：「那是不是代表可能整個部門被裁撤？」等。

事實上，我真的有個朋友休假回來整個部門都沒了，不知不覺就被開除了。

而第二種攪亂平衡的方法是挪動對方的「重心」。

只簡單介紹方法的話，就是先問對方人生有什麼目標，讓他認知到現在距離目標多遠的「差距法」，或是繼續問對方得到眼前想要的結果後又如何，讓他發覺自己其實一無所有的「空虛法」。

不論用哪一種方法，只要失去平衡，做決斷和行動的機率就會提高。

「39秒推銷術」重點建議 38

攻擊對方的「基礎」或「重心」，破壞其平衡

□何謂「本體感覺」？

最後要談「本體感覺」。

又稱為「肌肉運動知覺」，意指明確知道自己所在位置的感覺。請你閉上眼睛，試著用食指按壓自己的鼻子。出乎意料地，有人可能做不到。一旦失去這種感覺，就會陷入一種自我喪失的感覺中。

另外，我們不太認得路還是能勉強回到家，或是夜裡沒開燈也能走去廁所，都是拜這種感覺之賜。

這是人對人生感到迷惘時會有的感覺，任何事都想要靠別人的幫助找到答案，或是自己試圖找到答案。

另外，說到攪亂本體感覺的方法，而且是我們身邊就有的例子，就是拿球棒撐著地面轉圈圈。同樣的，一而再再而三地聽到同樣的話的小孩，長大後若感到迷惘，這種感覺就會跑出來。

這是什麼意思呢？比方說，聽到大人不斷告訴自己「你以後要當醫生」，結果醫大讀到一半退學，這時就會陷入這種感覺。**當明白過去一直信以為真的事其實是謊言，或發覺自己被騙了，那一剎那的感覺簡直就像世界崩塌了一樣。**

人也不喜歡這種感覺，所以如果能表達出這種感覺，便很有可能賺一筆。

因此，外遇調查員、專辦離婚案件的律師、人事顧問公司等，往往不太做行銷顧客也會上門來。

順帶一提，第5章的一開始就是先刺激你的本體感覺，引起你的注意，你看出來了嗎？

若能普遍刺激到所有的感覺，沒有理由賣不出去。

「39秒推銷術」重點建議 39

當自己一直信以為真的謊言被揭穿，人就不得不做出反應

Chapter 6

熟練
「39秒推銷術」吧！

□ 學會用39秒賣出任何東西

我應當對終於走到這一步的你道聲「恭喜」，並且「謝謝你」。

這一章要談的是如何設計「39秒推銷術」、如何練習，以及如何實踐。

文字的量也許比其他章節要少，不過，那是以讀過其他章節全部內容為前提的關係。既已理解其他章節的所有內容，相信你已掌握了購買前顧客的3種心情。

那就是「興趣」、「共鳴」和「理解」。買方對你感興趣你才有機會（Timing），對你產生共鳴才會因為喜歡而開始信任你（Trust），進而深深感覺到你能理解他的煩惱（Trouble），因而決定購買（3個T）。

購買前顧客的心情

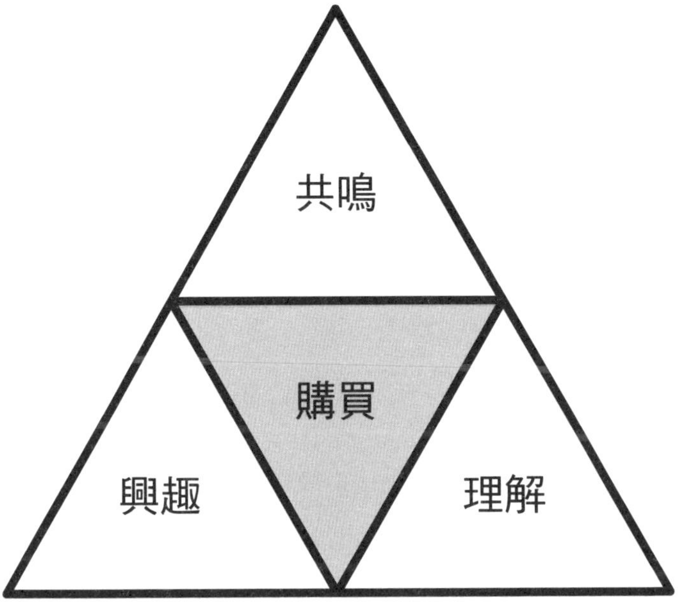

人要獲得他人的幫助，自己必須先向對方表達出那樣的想法並拿出行動來。也就是說，**我們在前面幾章所做的，只是對買方產生興趣、同理、試圖深入理解買方的煩惱而已。**

若能事前認真做好功課，推銷時就會輕鬆許多。

比對方更了解對方的情況，知道他真正需要的是什麼的話，銷售演示便和在診療室與醫生交談沒有太大的不同。

這麼一來，你就能以專家

的身分，按照我接下來的提案進行讓對方絲毫不會想拒絕的銷售演示。

醫生因為對人體有高度的興趣，對問題和痛苦感同身受，並能夠深刻地理解，才能對「疾病」這問題做出「診斷和處方箋」。

同樣的道理，人們也會對你的「推銷」不再抱持任何懷疑。

在第1章裡，你了解到為什麼非得在39秒這麼短的時間內進行銷售不可。並了解到那樣的銷售必須要有3個T——「時機」、「信任」和「煩惱」。

在第2章裡，你明白了顧客在購買時是根據價值觀做決定，且有時會「利用」價值觀很快地做決定。

在第3章裡，你學到有助於贏得顧客的信任、安心購買的品牌打造法及其法則。

在第4章裡，你學到在對的時機向對的人輕聲細語的方法，而不是大聲地向大眾喊話。那方法就是Sound Bite。

在第5章裡，你學到要刺激對方的五感（九感）才能讓對方理解，及如何利用這些感官。

這下子我們終於能進行「39秒推銷術」了。

那麼，從現在起，你特別要專注地繼續讀下去。

「39秒推銷術」重點建議 40

對對方的問題產生興趣、感同身受並予以理解

□ 實踐「39秒推銷術」吧！

好了，終於要開始實踐。

雖然不確定對方是否曾看過廣告的10秒Sound Bite，或是直接找你攀談過，假設對方對你產生了興趣。

那接下來對方就會提出所謂的「引子問題（hook question）」，如：

「具體地說，那是要做什麼用的？」

「那就是○○嗎？」

「要怎麼利用呢？」等

代表對方希望繼續與你交談，**並提出問題**。這時你就要進行「39秒推銷術」。**目的是要誘使對方提出「Buying Question」，也就是購買提問。**如：

「那個售價大約多少？」

「一點點錢也能利用嗎？」

「可以試用嗎？」

「門市在哪裡？」等

當對方詢問商品、服務的具體內容、怎樣能擁有之類的問題時，即表示對方的大腦已經決定購買。

其餘就只是祈禱營運順遂。

比方說，以咖啡店老闆的立場來看「39秒推銷術」。

買方：「〇〇先生，您是做什麼的？」

老闆：「我經營一家街角咖啡館，保證為像您這樣的退休人士提供一個能夠毫無顧慮地久坐、休息的寧靜空間。」

買方：「這話怎麼説呢？」

（現在開始30秒的銷售話術）

老闆：「您的生活想必稱心如意對吧？不過有時也會希望除了家以外能有個讓人心靈平靜的地方。咖啡連鎖店不行，感覺大街上愈來愈無處可去。最理想的是，有個志同道合的人能聚在一起的休憩空間。可是照現在這樣繼續散步下去也找不到那樣的地方。不是只有您有這種感覺。我設計了一個讓像您這樣的退休人士能夠長時間逗留、彷彿自己家一般的空間。個性和善的您一定會喜歡。下次要不要來坐坐？」**【30秒的銷售話術到此為止】**

（這時不再說話，伸出手來與對方握手。於是9秒後……）

買方：「好的，我一定去拜訪。是在哪裡呢？」

這就是「39秒推銷術」。

講話的時候要直視對方的雙眼，並不忘面帶微笑和心中有愛。

這位老闆的話共２０６*字，以一般的大眾演說來說，30秒太短，但一對一的話倒可以。

30秒的推銷用台詞基本上大約２００字左右。

我猜也有人聽過一分鐘的演講應該不超過３００字的說法，也許會心想，那30秒不就是１５０字？實際上ＮＨＫ的播報員就是用這樣的速度講話。對「系統二」來說，這是最適合的速度。

然而，必須讓對方維持在「系統一」狀態的銷售話術要再快一點才行。太快的話不但自己說不來，對方也會放棄理解內容，本末倒置，要小心。再怎麼練習，30秒３００字應該已是極限。超過這個字數便超出理解的範圍。

所以你要在**30秒內簡單用200～300字完成「39秒推銷術」**。

*這裡提到的字數指的都是日文的字數。

講得稍微快一點能傳達出熱忱和熱情，讓對方懷著愉快且躍動的感覺。因此要刻意用愉快地、忍不住要跟人握手那樣的語氣說話。

咖啡店老闆的「39秒推銷術」分解之後便如以下這樣：

①您的生活想必稱心如意對吧？

②不過有時也會希望除了家以外能有個讓人心靈平靜的地方

③咖啡連鎖店不行

④感覺大街上愈來愈無處可去

⑤最理想的是有個志同道合的人能聚在一起的休憩空間

⑥可是照現在這樣繼續散步下去也找不到那樣的地方

⑦不是只有您有這種感覺

⑧我設計了一個讓像您這樣的退休人士能夠長時間逗留、彷彿自己家一般的空間

⑨個性和善的您一定會喜歡

「39秒推銷術」的4部分

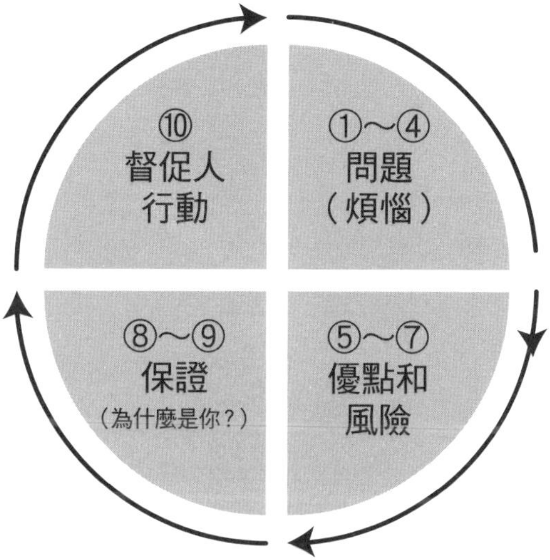

⑩下次要不要來坐坐？（不再說話，面帶微笑地伸出手）

「39秒推銷術」如上圖所示分為4個部分。若將前一頁的①～⑩依這4個部分區分，結果就像以下這樣：

①～④「問題（煩惱）」
⑤～⑦「優點和風險」
⑧～⑨「保證（為什麼是你？）」
⑩「督促人行動」

接下來就一個一個分別看下去吧。

「39秒推銷術」重點建議 41

設計一段30秒200字左右的銷售話術吧！

□推銷問題（煩惱）

以剛才咖啡店老闆的「39秒推銷術」為例，來看看各個部分吧。

首先是**①～④問題（煩惱）**。

第5章也提到過，我們是「問題的推銷員」。

而且，愈是複雜、不能置之不理的問題，我們愈會不自覺地否定或合理化它的存在。

然而那部分應該能提供最多的價值。而帶給人最多價值的人即可不斷地獲得財富。

因此，能夠指出所有人都知道卻視而不見的問題，提出解決方案，並說服人採取行動的人，我們稱為領袖。每一位知名的領袖都是傑出的推銷員。因為他們會把我們不想聽到的國家現狀或公司的狀況，說得讓所有人都能感受得到。

不論現在或未來，人不感覺痛就不會改變。

因此我在專題討論會上才會用**「刺下去再轉一轉」**這樣的方式來描述。

這是一位教導我推銷技巧的人所使用的字眼。他說，為了讓對方感受到痛，用詞用語要有拿刀刺下去再轉一轉這等狠勁才行。

實際上因網際網路的發達，資訊取得更為容易，任何人都能輕易查到「怎麼做才能○○」這類資訊。即使如此，貧窮的人照樣貧窮，沒有情人的人照樣沒有情人，不健康的人照樣不健康。並非沒有辦法解決那問題、沒有資源，也不是不知道如何取得資訊。問題出在「有沒有心要做」。

我在第2章已談過，人有兩種動機，一是回避痛苦，一是為了獲得報酬。在大腦科學上，回避痛苦的動機絕對更能激發出人的幹勁。

因此，**我們在進行「39秒推銷術」之初一定要告訴對方他很想立刻掏出錢來解決的困境、挫折、苦惱、痛苦、現在不解決可能引發的惡夢、最糟的未來**。

接下來就試著寫出買方嘗試過但失敗的經驗。

寫出對方的挫敗經驗

你的目標對象有什麼具體的不滿。
很想立刻解決的困境是什麼？

- ______
- ______
- ______

你的目標對象對未來最害怕的是什麼事？
現在不改變的話
會有怎樣的後果（惡夢）等著他？

- ______
- ______
- ______

以前試過但沒有好結果的經驗？

- ______
- ______
- ______

認真寫下來後，將最大的挫折、惡夢及現在依然抱著些許期待的事放入範本中，便完成最初的部分。

這當中最具影響力的就是對方的價值觀上最為反感的事（參見第2章）。

現在我們就來一句一句地分析剛才咖啡店老闆的「39秒推銷術」吧。

①「您的生活想必稱心如意對吧？」

這句話的用意是讓對方認知到「自己擁有足夠的資源」。

順帶說一下，你可能會想預防對方的反駁，如果擅長這部分可以不必加進來。

假使這麼說還有一個優點，那就是讓對方知道你非常了解他的情況。

「你擁有一切。理想的工作、令人稱羨的家庭、聰明的兒子、足以向人誇耀的工作成果、有時間可以做自己喜歡的事，以及充裕的收入……」

這話一說出口就能以「已經足夠了吧」推翻「我缺少○○」這類常有的反駁。

不僅能建立信任關係，還能先化解掉對方可能會有的反駁。

此外，我希望這部分只談你所認識的對方。避免隨意加油添醋。

②「不過有時也會希望除了家以外能有個讓人心靈平靜的地方」

這句話的目的是要讓對方的大腦意識到「自己的狀況」。

這裡要直白地點出對方內心一直以來的困境。

如果說中了，對方的大腦就會把你的話聽進去。

沒說中，但有想到某人就是這樣的話，也會明確記住你的話。

不過，要是這地方搞砸了，「39秒推銷術」的成功率就會降到極低。

未能清楚點出對方的困境，刺激不到第5章談到的那些感覺，對方無法想像就不會有效果。就好比同樣的病情，用專業術語描述並不能讓別人理解。

比方說，與其說「不過你感覺自己有圓形脫毛症」，不如說「不過你很在意每天早上映在鏡子裡的10元硬幣大的禿頭」。

後者的說法不但容易想像而且生動。描述每天都會看到的日常風景即可。

③「咖啡連鎖店不行」

這句話是表示你知道對方還有其他辦法也嘗試過。目的在讓對方回憶起過去徒勞無益的嘗試，認識到目前已陷入僵局。

如果沒放進這一句，人的大腦可能就會認定「自己現在並不覺得困擾」。人是從失敗中學習、改善的動物，沒想起過去失敗的嘗試，就不會選擇改善方案——你的商品或服務。

如果有時間，也可以指出對方做過哪些嘗試：「你試過A、B、C、D等方案……，但都失敗。」這部分要看時間允不允許，可加可不加。

④「感覺大街上愈來愈無處可去」

倘若不只是目前的困境（②），更預見未來可能也不樂觀（④）的話，這時人才會真正感到「非做不可」。對大腦來說，最難忍受的是未來永無止境的痛苦，和那困境將來會造成更大的問題。

現實中，人的問題放任不管後，只有不嚴重的輕傷會自然痊癒、自然災害能夠度過。除此之外都會持續惡化。

不談惡夢的話，怠惰的大腦就會認為「應該沒問題吧」。

而如果先談④的部分，對方會感受不到，覺得「與我無關」。

所以要先談②再談④。

③是為了在談到未來之前，讓大腦先做好準備，所以要擺在④之前。

「39秒推銷術」重點建議 42

要按部就班讓人覺察到自己的困境，
否則大腦會逃避，不願面對現實

□提示利益（優點）

接下來要談**⑤～⑦的「優點和風險」**。

如果困境或問題是購買的動力，那優點就是購買的理由。沒有優點，人是不會購買的。如果沒說明有什麼優點，對方在購買理由不足之下，就會去尋找其他的解決方案。

多數賣方的問題都在於會說明特色（feature或spec），但最要緊的優點卻沒說。

日本的強項是技術能力，因此有很長一段時間的電視廣告會有技術人員過度炫耀技術的傾向。然而如今，說明「那技術有什麼樣的優點」的電視廣告已愈來愈多。

特色是用眼睛看得到、摸得到；優點則是因為特色而產生的好處。

簡單說便如以下這樣：

特色：原子筆的尖端有個金屬球

優點：能持續流出所需最小量的墨水，不必如毛筆那樣沾墨水

問「它好在哪裡？」即可把特色轉換成優點。

> 特色：「金屬球棒為金屬製」
> ←
> 「它好在哪裡？」
> ←
> 優點：「不太需要擔心球棒會壞，保養也很容易」

這部分必須談到你有辦法提供買方想要的解決方案，以及那優點能帶給買方怎樣理想的未來。

能夠提供什麼？

對方不惜拿出一萬日圓也想立刻得到的結果或解決方案是什麼？
（例：馬上減掉20公斤也許不可能，但我想變成瓜子臉）

- ______
- ______
- ______

對方希望未來是什麼樣子？
暗藏心裡的願望是什麼？

- ______
- ______
- ______

你的商品或服務能提供什麼好處（結果）？

- ______
- ______
- ______

所謂買方想要的解決方案，就是「雖不能解決所有問題，但能解決最在意的問題」。他一定會願意立刻為這樣的方案掏出錢來。

接著要問的是，解決這些問題之後會得到怎樣閃耀的未來？以及你是否能夠提供這樣的方案？

關於現在立刻想要的解決方案會在下一段談到。

此外，最具影響力的當然是對方的價值觀認為最重要的事（參見第2章）。

⑤「最理想的是有個志同道合的人能聚在一起的休憩空間」

在時間次序上，④談的是未來，所以接下來同樣是談未來。

只不過，這裡要談的是理想的未來。多數時候我們希望擁有的未來都具有利他性，多半是在腦中描繪他人也很幸福，或幸福的自己與他人的情景。

這裡一定要照著其他範本確實想像出那畫面才行。

希望你盡量避免模稜兩可的描述、抽象的形容，及專業用語。

畢竟這是買方的夢想，只要照著對方所表達的把它描述出來，對方就會想要得到它。

另外有一點要注意，就是不能說出「我們會為您實現那夢想」這樣的話，也不做保證。馬上就能看到的結果可以保證，但關於未來你不可能保證，所以不做保證。只是讓對方想像罷了。我們有必要充分理解人做一件事的動機和目的。尤其是必須持續做下去的事，如果是商品或服務，那麼讓人意識到在自己希望的未來也能繼續下去便很重要。

而且，對方會喜歡，進而信任願意理解並認同自己的夢想的人。

⑥「可是照現在這樣繼續散步下去也找不到那樣的地方」

這句話是為了轉換到新的解決方案（你的商品），斷然告訴對方「你正在做的嘗試無效」。走到這一步已經贏得對方的信任才能這麼說，要是一開始就這麼說肯定會被人討厭。

任何人聽到別人說自己「一直以來都在做白工」都不會高興。

不過假使會犧牲夢想，對方就會願意接受你的批評。

這麼說之後就能預防買方提出「我已經在使用○○」或「我現在在做○○」的反駁。

⑦「不是只有您有這種感覺」

即使換成不同的商品或服務，這句話也不太會更動。

這句話的目的是在轉移責任，消除對方的罪惡感，增強社交性。罪惡感和後悔這種情感在心理學上叫做stuck state（陷入困境），不太會引發行動，所以是前進到下一段之前要消除的情感。忽視這部分，當對方心裡浮現罪惡感或後悔的情緒，開始覺得這次的方案可能也會落得同樣的結果，於是不買，或買了之後又退掉的機率就會提高。

確實消除對方的後悔和罪惡感吧！

「39秒推銷術」重點建議 43

事前一邊處理會發生的問題一邊推銷希望！

□為什麼應當選擇你？

接下來要談**⑧~⑨「保證（為什麼是你？）」**。

走到這一步，對方便已燃起「購買的意願」。

只是問題是「要跟誰買？買什麼？」。

太嫩的菜鳥推銷員大肆推銷「問題」，也推銷了「解決方法」，但最後很可能以對方一句「又不是一定要跟你們買吧？」告終。

所以這裡必須讓對方產生彷彿你的商品或服務是完全為他特別訂做的感覺。

只要能誘發出這樣的感覺，對方就肯定會請你幫忙了。至少也會要求看報價單。也就是說，獲得進一步洽商和交涉的空間。

⑧「我設計了一個讓像您這樣的退休人士能夠長時間逗留，彷彿自己家一般的空間」

這裡要注意的是，絕對不可以說「我在賣什麼」。

偶爾會有人在此之前都沒有推銷，最後突然說「我在賣○○（商品）」。「賣」這個字對不曾受過銷售訓練的人來說是危險訊號，希望你將它視為禁忌。引起拒絕廣告的現象恐有降低購買欲望之虞。

這部分的目的是要讓人感覺這商品或服務理論上很適合買方。對方如何稱自己，你就用那樣的說法（參見第4章），具體傳達出對方想要的結果，告訴對方是為了他或他的公司而設計、開發、發現的。

因為這樣的遣詞用字才會被認為是專家。

當然，談話中提到的結果，希望近乎100％是你能夠提供的內容。否則會有礙品牌形象。

⑨「個性和善的您一定會喜歡」

這一句是將適合的理由對照到對方具體的特徵，讓對方進一步確認自己的選擇。

就流程來看，這句話與我們去買衣服，試穿之後店員說的那句「您穿起來很適合」具有同樣的效果。有人在買東西時需要第三者的意見，但正確來說是，有人需要自己以外的人的檢驗。

不過，人不會想聽到毫無根據的保證，所以這裡一定要事先想好適當的理由。

這樣大腦才完成購買的最終確認，幾乎已決定購買。

「39秒推銷術」重點建議 44

讓對方醒悟到正適合自己！

□督促人行動

最後是的⑩**「督促人行動」**。

有沒有最後這一句話，決定了這整段談話到底是閒聊還是推銷。

希望你能提出希望對方怎麼做的建議，然後伸出手。

握手的理由一如前文的說明。

⑩「下次要不要來坐坐？（不再說話，面帶微笑地伸出手）」

目的只有一個，就是提出明確的行動建議。而且，那行動建議是以跳過買賣活動和商談階段，直接使用商品或服務為前提。

並要切實遵守沉默9秒的規定。

全世界普遍認為，推銷失敗最主要的原因除了「不做」、「不練習」以外就是「不能保持沉默」。

最後一招出手後，先說話的人就輸了，這是推銷界長久以來的觀念，我在第一章也提到過，大腦要花點時間才會有意識地做決斷。

此外，因為某些原因對非目標對象的人進行「39秒推銷術」時，「您」要替換成「共同認識的人」。或是完全省略，最後問對方「要不要幫忙我，讓我能幫助更多的人呢？」就行了。

問完最後的問題，希望你能伸出手，注視對方的眼睛，微笑地保持9秒的緘默。

切實將學到的技巧實踐到這個程度，倘若對方是推銷員，就會誇獎你並與你握手。

順帶提一下，握手後就要談營運的部分，不再是推銷。

具體地說，就是希望你迅速談妥以下這些事項：

・「時間」

・「地點」
・「如何提供」
・「對象是誰」
・「提供什麼」
・「數量多少」

能夠決定的部分盡量先約定好，這樣產品提供的過程才會比較順暢。

「39秒推銷術」重點建議 45

微笑而專注地注視對方9秒鐘

□「39秒推銷術」的回饋

將「39秒推銷術」全部10道程序匯整之後，就是下一頁那樣的體系。

請務必將整頁複製，練習填寫看看。

沒有人天生就是推銷高手。

在成長過程和環境中鍛鍊出的人，其實是經過反覆練習和失敗，逐漸強大之後的結果。

練習是必要的，但作為學者，我重視效率，因而把重點擺在「39秒推銷術」這買賣過程中最重要的部分上。

「39秒推銷術」的練習一次只需要39秒。

如果有信心能保持沉默，則只有30秒。順便告訴你，一般認為，推銷員要學會

「39秒推銷術」全部10道程序

苦惱	①「您已擁有一切……」或是 「您的生活想必稱心如意對吧？……」
	②「不過您一直感到（在意）……（困境）」
	③「（做過各種嘗試）……但都沒有效果」
	④「感覺／知道會發生……（惡夢）」
優點	⑤「夢想是……（想像的未來）」或是 「您夢想著……（閃耀的未來）總有一天會到來」
	⑥「不過，繼續……（至今為止的嘗試） 也不會得到／成為／能夠……（夢想）」
	⑦「不是只有您有這種感覺」、 「那不是您的責任，您並不孤單」
個人	⑧「我為了讓像您這樣的……（對對方具體的描述） 得到／成為／能夠……（立刻想要的結果）， 設計／開發／發現了○○」
	⑨「……（對方具體的性格、特徵）的您， 一定（很適合／相稱等）」（成功的理由）
成交	⑩（督促人採取購買以外的行動）要不要○○呢？ （不再說話，微笑地伸出手）

使用這套技巧平均需要練習60次。

假使認為一般的銷售演示短則15分鐘，長則90分鐘，那15分鐘乘以60次，就是必須在保有一定品質的情況下練習15個小時之久。

只是，就算練習，品質不良的練習也只會養成怪癖罷了。

相較之下，「39秒推銷術」1個小時就能練習60次以上。

我們對單調的作業僅能維持90分鐘的專注力，所以要在那時間內結束。

「39秒推銷術」是一套體系，只要讀完這本書後填寫那些該填寫的部分，就能讓技術提升，在短短1小時內達到可以實際作戰的品質。

原因就在於它是一套體系。

我們經過三天半的集訓就創下49億日圓的銷售業績，讓不曾賣出商品的人變得會推銷，並一再讓銷售業績成長數倍之多，全是因為那是一套體系的關係。

既然要練習就盡可能和伙伴一起練習，並檢查是否完成下一頁列出的項目。我們辦研習時都會檢查這些項目。

不論再怎麼努力都不可能透過書完整傳授講話方式，因此至少要學會怎麼檢查。

檢查方法

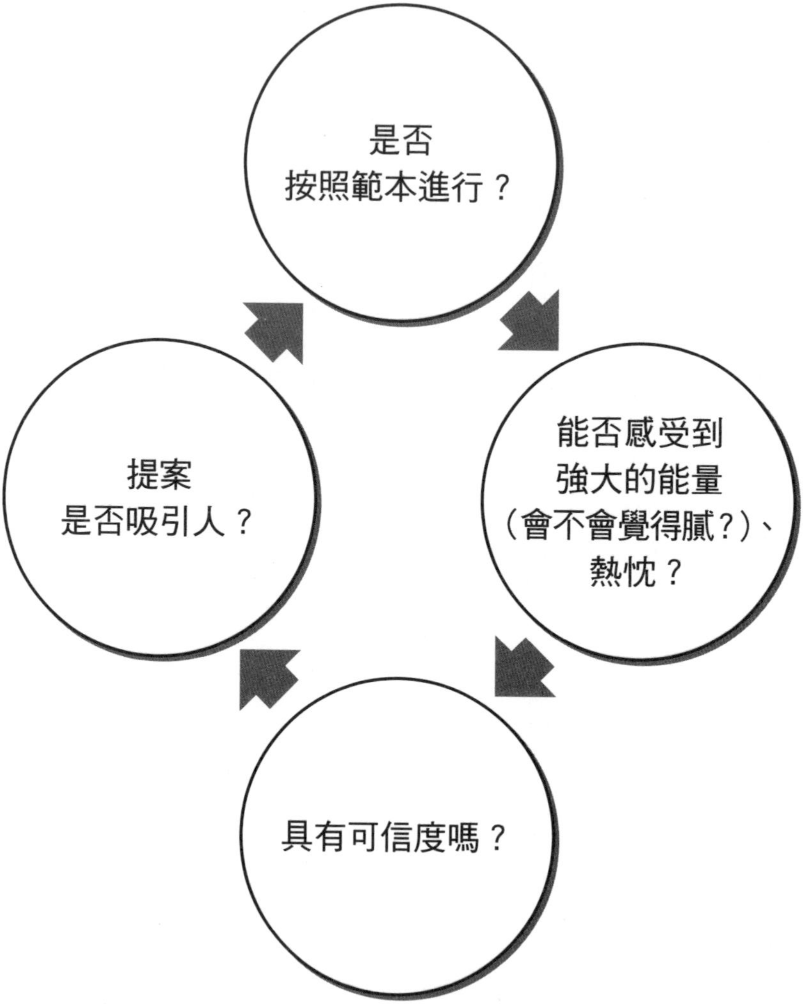

是否
按照範本進行？
能否感受到
強大的能量
（會不會覺得膩？）、
熱忱？
具有可信度嗎？
提案
是否吸引人？

（1）是否按照範本進行？

↓非得按照39秒推銷術的10條依序去做才可能獲得同樣的效果

（2）能否感受到強大的能量（會不會覺得膩？）、熱忱？

↓這部分與肢體語言和聲調的起伏有關

（3）具有可信度嗎？

↓起因於本人對商品或服務有多少信心？對自己有多少信心？

（4）提案是否吸引人？

↓語言表達能力很重要，但有些情況必須改良商品或服務本身才行

既然要賣東西，我希望你能賣得更輕鬆，並有利潤、合法、合乎道德、倫理，對人、對社會、對世界有所助益。

「39秒推銷術」重點建議 46

別人看不見的練習會轉換成看得見的讚美

Epilogue 推銷的意義在於助人

我想你應該會認為「39秒推銷術」很有用吧？謝謝你。應該會想練習這套方法並加以實踐吧？謝謝你。承蒙讀到最後，身為作者，我感到無上的喜悅。

現在你賣出一樣商品要花39秒，但接下來的幾年，可以預料到這時間會漸漸縮短。當然，總會有個最短的極限。

這時也許會變成「24秒推銷術」，也許變成「18秒推銷術」。但希望你別忘記「39秒推銷術」的本質。

「推銷的意義在於助人」，這是我時時牢記在心的一句話。

原本研究才是我的專長，臨床、心理治療和諮商是誤打誤撞的結果。我以前的工作和推銷相距十萬八千里。

然而我現在之所以能超越其他的心理治療師被稱為第一人，是因為我覺悟到「無論如何就是要助人」。

我甚至在美國前總統歐巴馬的大選之日，穿著皮鞋跑步追一名中途棄車而逃的女性患者，追到後在大庭廣眾之前對她進行心理治療。

此外，居間調停黑幫成員間的械鬥、在家暴現場與把老婆打到差點沒命的老公談判、協助女黑手黨老大的更生等，更是我的家常便飯。

而在這樣的過程中，大腦一直在應付各種場面，以求獲得最快、最短、最好的結果。「39秒推銷術」可說就是其副產物。

推銷時，一旦我決定「幫助人」，不曾失敗過。

這無關經驗、技術，而是是否相信最後一定會賣出去。其深層心理是多麼想要幫助別人人，又想幫助多少人。希望你不要害怕幫助別人，能懷著喜悅的心，以助人為樂。假使在這條路上「39秒推銷術」有派上用場，那將是我的榮幸。

這本書並非靠我一個人的力量完成。該感謝的人很多。除了參考資料的研究者之外，還有曾經教導過我、讓我明白許多事理的老師和朋友；以往至今遇過的所有患者、案主、學員；陪我一起討論推銷方法的賈斯汀・堤奧；教導我推銷入門知識的馬特・詹姆斯博士（Dr.Matt James）及布萊爾・辛格；以及製造契機讓我設計出「39秒推銷術」的大森健巳。

順便宣傳一下，在本書出版的同時，健巳的著作《話說得犀利，不如說得更有影響力！：世界級談判家的最強溝通術》（台灣東販）也推出上市。若能兩書一起閱讀，推銷功力肯定大增數倍，請務必連同健巳的著作一起閱讀。

這次有緣出版本書，我非常感謝蔦屋商學院的各位朋友，和きずな出版願意信任第一次出書的我的櫻井秀勳先生，及一直給予我協助直到寫完本書的小寺副主編。

最要感謝的是在背後支持我的妻子和把活力分給我的女兒，以及通融我出版本書的父母。

最後，你應該會讓「39秒推銷術」成功吧。對此我不懷疑。

只是希望你將賣出後要約定哪些事項、契約內容是否確實對自己有利牢記在心。

相信你的交涉本領會讓收入攀上無止境的高峰。

遠藤K·貴則

作者簡歷

遠藤K.貴則 （Endo Takanori）

2007年進入美國佛羅里達州邁阿密市的卡洛斯阿爾比茲（Carlos Albizu）大學，攻讀臨床心理學博士。選擇專攻法庭審判（犯罪、法律），一面在研習課程中與殺人犯、傷害犯、強姦犯、吸毒犯和黑手黨關係人等進行交涉、檢查和治療，一面在實務現場、治療機構、醫院、收容所等地授課。2009年擔任心理統計學的副教授，任教兩年；2010年以美軍候補士官身分接受為期三年的訓練；2013年修完博士課程。在治療中心創下患者治癒率最高紀錄，獲頒最佳工作人員獎。並獲得最佳治療師的提名。

2015年回到日本後，指導法人採用「決斷的科學（神經行銷學）」，並在世界各地舉辦演講。身為心理學和統計學的權威，根據最尖端的教育科學、大腦科學建構演講內容，以「能用最淺顯易懂的方式，教會人自然而然運用技術的人物」廣為人知。

國家圖書館出版品預行編目資料

大腦拒絕不了的39秒關鍵高效銷售術 ／ 遠藤K.貴則著；鍾嘉惠譯. -- 初版. -- 臺北市：臺灣東販, 2019.01
192面；14.7×21公分
譯自：売れるまでの時間―残り39秒：脳が断れない「無敵のセールスシステム」
ISBN 978-986-475-892-0(平裝)

1.銷售 2.職場成功法

496.5　　　107021353

大腦拒絕不了的
39秒關鍵高效銷售術

2019年1月1日初版第一刷發行

作　　者　遠藤K.貴則
譯　　者　鍾嘉惠
編　　輯　吳元晴
特約美編　鄭佳容
發 行 人　齋木祥行
發 行 所　台灣東販股份有限公司
　　　　　<地址>台北市南京東路4段130號2F-1
　　　　　<電話>(02)2577-8878
　　　　　<傳真>(02)2577-8896
　　　　　<網址>http://www.tohan.com.tw
郵撥帳號　1405049-4
法律顧問　蕭雄淋律師
總 經 銷　聯合發行股份有限公司
　　　　　<電話>(02)2917-8022
香港總代理　萬里機構出版有限公司
　　　　　<電話>2564-7511
　　　　　<傳真>2565-5539